ニュートン超図解新書

最強に面白い

ベクトル

JN197849

# はじめに

数学や物理学では，大きさと向きをもつ量のことを，「ベクトル」といいます。たとえば「風」は，ベクトルです。風は，風速（大きさ）と，風が吹く方向（向き）の二つがそろってはじめて，あらわすことができるからです。ベクトルは，矢印を使ってあらわすことができるもの，ともいえます。

風のようなベクトルの例は，ほかにもたくさんあります。走る車には，スピード（大きさ）と方向（向き）があります。また，何かに力を加えるときにも，力の強さ（大きさ）と方向（向き）があります。そして電気や磁気の力にも，やはり力の強さ（大きさ）と方向（向き）があります。このように，あらゆる運動や力を理解するには，ベクトルが必要なのです！

本書は，数学や物理学で重要なベクトルについて，ゼロから学べる1冊です。"最強に"面白い話題をたくさんそろえましたので，どなたでも楽しく読み進めることができます。どうぞお楽しみください！

ニュートン**超図解**新書
# 最強に面白い
# ベクトル

## イントロダクション

## 第1章 ベクトルの足し算

# 第4章
# ベクトルのかけ算「内積」

第5章
ベクトルでみる! 電気と磁気,光

## 第6章
# ベクトルのかけ算「外積」

## 【本書の主な登場人物】

シモン・ステビン
（1548～1620）
オランダの数学者，物理学者。
「力の平行四辺形」を発見したことで知られている。また，小数点を使って小数を表すことを提唱した。

クラゲ

中学生

# イントロダクション

「ベクトル」とは，大きさと向きをもつ量のことです。イントロダクションでは，ベクトルとはどのようなものなのかを，具体例をあげながら紹介しましょう。

## 一つの数の大きさであらわせる、 「スカラー」

　身のまわりには、一つの数の大きさであらわすことのできる量がたくさんあります。

　たとえば、温度や気圧、体重、身長などは、一つの数の大きさであらわすことができる量です。温度は25℃、気圧は1013ヘクトパスカル、体重は65キログラム、身長は170センチメートルとあらわせます。

　このように、一つの数の大きさだけであらわすことのできる量のことを、「スカラー」といいます。

# 1 スカラーとベクトル

スカラーの例とベクトルの例をえがきました。文字を四角い枠で囲んだものが, スカラーの例とベクトルの例です。

**スカラーの例**

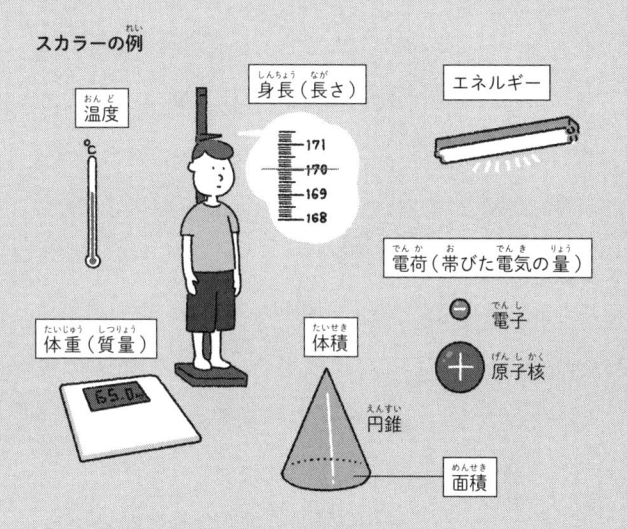

温度

身長（長さ）

エネルギー

電荷（帯びた電気の量）

電子

原子核

体重（質量）

65.0

体積

円錐

面積

**ベクトルの例**

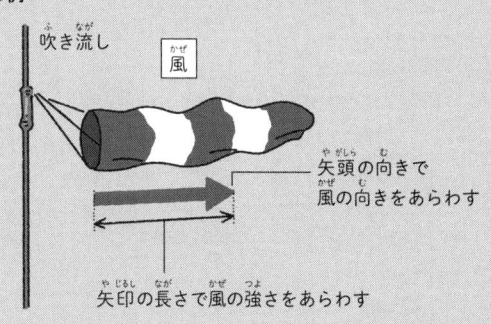

吹き流し

風

矢頭の向きで風の向きをあらわす

矢印の長さで風の強さをあらわす

15

# 大きさと向きをもつ，「ベクトル」

　では，風はどうでしょうか？　風には，「秒速5メートル」といった大きさと，「東向き（西風）」といった向きがあります。つまり風は，数の大小だけではあらわせない，向きをもった量です。**このように，「大きさと向き」をもつ量のことを，「ベクトル」といいます。**

　ベクトルは，矢印を使ってあらわすことができます。たとえば，風の場合，風速を矢印の長さ（太さではありません）で表現し，風の進む向きを矢頭の向きで表現するのです。

風は強さだけでなく，向きをもっているね。

# 2 「力」にも「速度」にも，矢印が不可欠！

## 物体の運動の理解には，ベクトルが不可欠

　ベクトルは，大きさと向きをもつ量です。大きさを矢印の長さ，向きを矢頭の向きで表現します。

　ベクトルであらわすことのできる量の例は，身近にたくさんあります。たとえば，物の「速度」や，重力や摩擦力などの物体にはたらく「力」も，大きさと向きをもっています。**投げたボールの運動から地球の公転運動まで，ありとあらゆる物体の運動を理解するには，ベクトルの考え方が不可欠なのです。**

# 電気と磁気の理解にも，ベクトルは不可欠

**モーターのしくみなど，電気と磁気を理解するにも，ベクトルは不可欠です。** さらにいえば，私たちにとって身近な存在である光の正体も，ベクトルと密接な関係があります。

電気と磁気，光については，本書の第5章で紹介します。

物理学では，速度の大きさ（スカラー）だけを指す場合は「速さ」，向きも含める場合（ベクトルを指す場合）は「速度」というふうに，使い分けることがあるのだ。

## 2 身近なベクトルの例

身近にみられるベクトルの例をえがきました。文字を四角い枠で囲んだものが，ベクトルの例です。

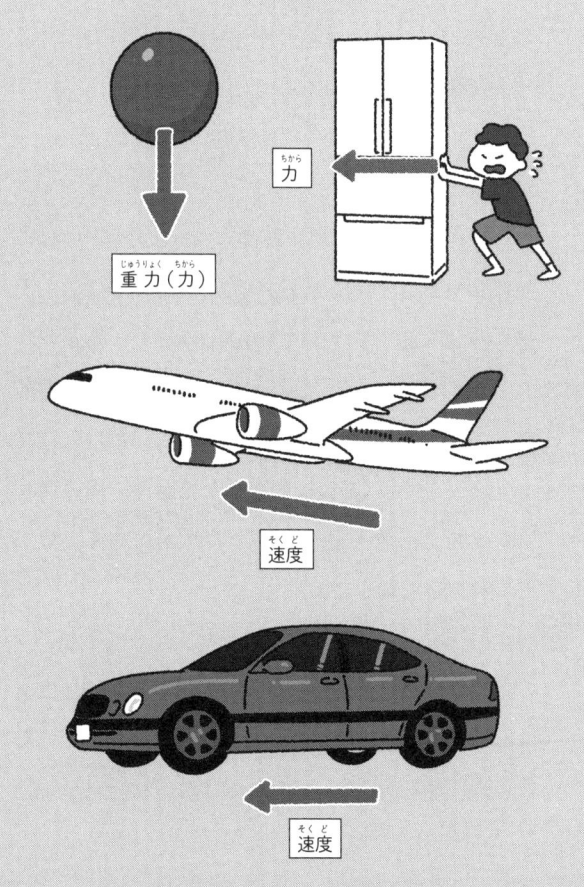

重力（力）

力

速度

速度

19

# 矢印は、17世紀ごろ誕生かも

矢印は、向きをあらわす記号です。この記号は、弓矢の矢の形からつくられたと考えられています。いったいいつごろ、矢印は誕生したのでしょうか。

矢そのものをえがいた絵は、古いものだと古代の壁画に見ることができます。フランスのラスコー洞窟の壁画には、紀元前1万9000年ごろにえがかれた弓矢の絵があります。**一方、記号としての矢印は、17世紀ごろに誕生したという説があります。**17世紀なかば以降に印刷された地図に、川の流れの向きなどをあらわす矢印が、えがかれているからです（諸説あります）。

**イタリアの物理学者で天文学者のガリレオ・ガリレイ（1564〜1642）が、1610年に出版した著書『星界の報告』にも、木星の衛星の運動方向が矢で**

**示されています。** 矢印は，現代の私たちにとって
はあたりまえの記号ですけれど，当時は最先端の記
号だったのかもしれません。

（出典：『矢印の力』，ワールドフォトプレス，2007年発行）

# ベクトルの
## 足し算
### た　ざん

ベクトルは，大きさと向きをもつ量で，矢印を使ってあらわすことができます。このベクトルは，普通の数字のように，足したり引いたりすることもできます！　第1章では，ベクトルの足し算をみていきましょう。

# 川を横切るボートは，流されながら進む

## ボートの速度を $\vec{a}$，川の流れの速度を $\vec{b}$ とする

　流れのある川を横切るボートを例に，ベクトルの足し算をみていきましょう。

　今，秒速1メートルで流れる川を，ボートが水に対して秒速1メートルで横切ろうとしているとします（26ページのイラスト）。岸にいる人から見たボートの速度は，どうなるでしょうか？

　ベクトルは，アルファベットなどの上に矢印（→）を置いてあらわします。ここでは，ボートの水に対する速度を $\vec{a}$（ベクトル $a$），川の流れの速度を $\vec{b}$（ベクトル $b$）としましょう。

# ボートの行き着く先は，矢印をつぎ足した先

　ボートは，$\vec{a}$ の矢印の長さの分だけ進む間に，$\vec{b}$ の矢印の長さの分，川の流れに流されます。つまり，ボートの行き着く先は，$\vec{a}$ の矢印の先に $\vec{b}$ の矢印をつぎ足した先だといえます（27ページのイラスト）。これが，ベクトルの足し算（加法）です。

　ベクトルの足し算は，$\vec{a} + \vec{b}$ であらわされます。そしてこの $\vec{a} + \vec{b}$ が，岸にいる人から見たボートの速度です。

ベクトルは，文字の書体を太くするだけで，矢印をつけずにあらわす場合もよくあるのだ。

# 1 ベクトルの足し算

流れのある川を横切るボートの速度を例に, ベクトルの足し算をえがきました。水に対するボートの速度 $\vec{a}$ に, 川の流れの速度 $\vec{b}$ をつぎ足したものが, 岸にいる人から見たボートの速度 $\vec{c}$ になります。

## 1. 流れのある川を横切ろうとするボート

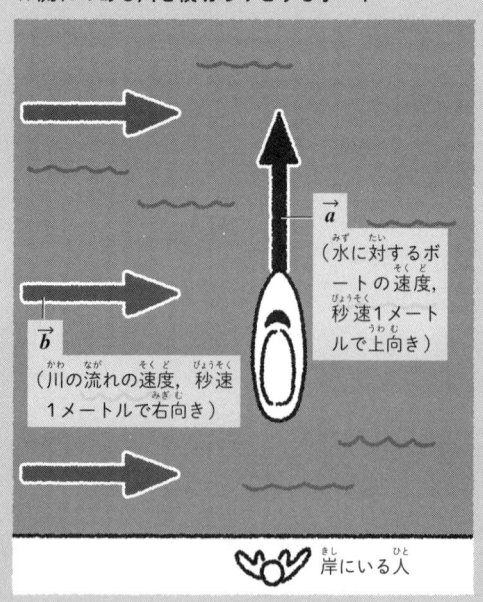

$\vec{a}$
（水に対するボートの速度, 秒速1メートルで上向き）

$\vec{b}$
（川の流れの速度, 秒速1メートルで右向き）

岸にいる人

ベクトルの足し算は,
二つの矢印をつぎ足すんだクラ。

## 2. 岸にいる人から見たボートの速度

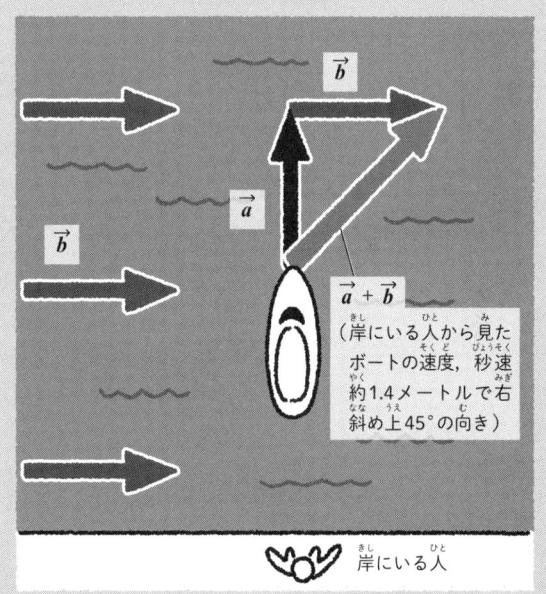

$\vec{b}$

$\vec{a}$

$\vec{b}$

$\vec{a} + \vec{b}$
（岸にいる人から見た
ボートの速度, 秒速
約1.4メートルで右
斜め上45°の向き）

岸にいる人

27

## 岸にいる人から見た ボートの速度は，$\vec{a} + \vec{b}$

　前のページでみたように，水に対するボートの速度を $\vec{a}$，川の流れの速度を $\vec{b}$ とした場合，岸にいる人から見たボートの速度は $\vec{a} + \vec{b}$ になります。これが，ベクトルの足し算です。

90°ずれたベクトルの足し算は，直角三角形で考えるのだ。

# $\vec{a} + \vec{b}$ は，秒速約1.4メートル

　ボートの水に対する速度 $\vec{a}$ は秒速1メートル，川の流れの速度 $\vec{b}$ は秒速1メートルでした。しかしこの場合，$\vec{a} + \vec{b}$ は，秒速2メートル（1 + 1 = 2）にはなりません。$\vec{a} + \vec{b}$ は，三平方の定理（ピタゴラスの定理）から，秒速約1.4メートル（秒速 $\sqrt{2}$ メートル）になります（30ページのイラスト）。**つまり $\vec{a} + \vec{b}$ の長さは，通常，「$\vec{a}$ の長さ＋ $\vec{b}$ の長さ」にはならないのです。**

> $\vec{a}$，$\vec{b}$，$\vec{a} + \vec{b}$ がつくる三角形は，$\vec{a}$ と $\vec{b}$ のつくる角が直角な三角形だクラ。「三平方の定理（ピタゴラスの定理）」から，（$\vec{a} + \vec{b}$ の長さ）$^2$ ＝（$\vec{a}$ の長さ）$^2$ ＋（$\vec{b}$ の長さ）$^2$ ＝ $1^2 + 1^2 = 2$，よって（$\vec{a} + \vec{b}$ の長さ）＝ $\sqrt{2} ≒$ 1.4と計算できるクラ。

## **2** 足し算したベクトルの長さ

水に対するボートの速度 $\vec{a}$ と川の流れの速度 $\vec{b}$ が垂直に交わる場合，岸にいる人から見たボートの速度 $\vec{a} + \vec{b}$ の長さは，三平方の定理（ピタゴラスの定理）を使って計算することができます。

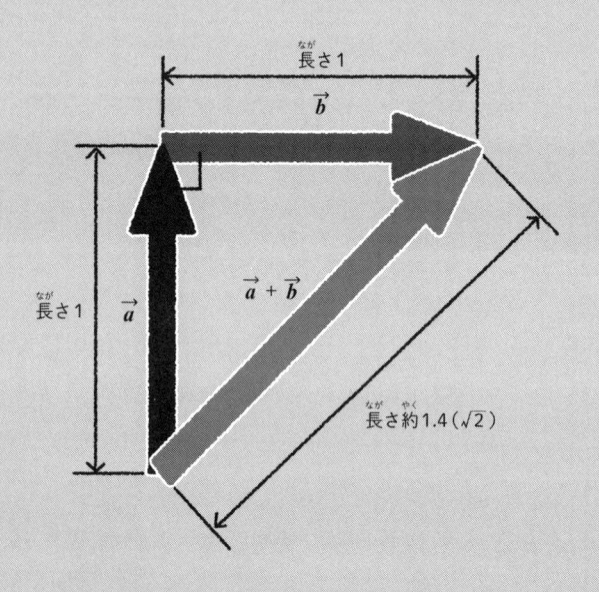

長さ1

$\vec{b}$

長さ1　$\vec{a}$

$\vec{a} + \vec{b}$

長さ約1.4（$\sqrt{2}$）

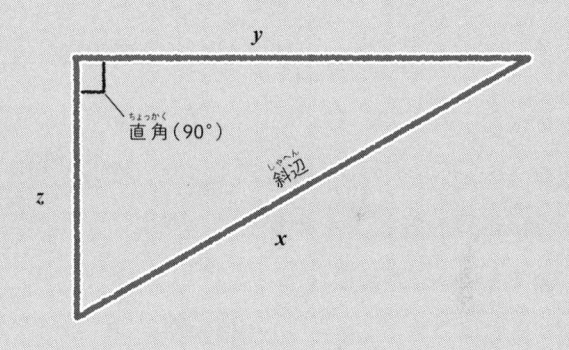

### 三平方の定理（ピタゴラスの定理）

直角三角形において，斜辺（直角と向かい合った辺）の2乗は，残りの2辺の2乗の和に等しいという定理。式で書くと次の通り。

$$x^2 = y^2 + z^2$$

# ベクトルの足し算は，
# どんな場合でも成り立つ

## ベクトルの足し算を，
## 矢印のつぎ足しで考える

　24ページの例では，ボートの水に対する速度 $\vec{a}$ と，川の流れの速度 $\vec{b}$ が直交し（$\vec{a}$ と $\vec{b}$ の向きが90°ずれていて），長さも同じという，かなり特殊な例でした。しかし，ベクトルの足し算を矢印のつぎ足しで考えるやりかたは，どんな場合でも成り立ちます。ボートが川の流れに逆らって進む場合でも，ボートが川の流れと同じ向きに進む場合でも，同じように考えることができるのです。

# 向きが一致している場合は，長さを足し算できる

　34ページのイラストは，ボートが川の流れの方向に斜めに進む場合をえがいたものです。一方，35ページのイラストは，ボートが川の流れと同じ向きに進む場合をえがいたものです。

　**どちらの場合も，ベクトルの足し算を矢印のつぎ足しで考えることができます。**35ページのイラストのように $\vec{a}$ と $\vec{b}$ の向きが同じ場合は，$\vec{a} + \vec{b}$ の長さは，「$\vec{a}$ の長さ + $\vec{b}$ の長さ」になります。

向きが同じ場合は，長さを足すだけでいいんだね。

## **3** ベクトルの足し算のほかの例

ボートが川の流れの方向に斜めに進む場合と，川の流れと同じ向きに進む場合の，ベクトルの足し算をえがきました。

### A. ボートが川の流れの方向に斜めに進む場合

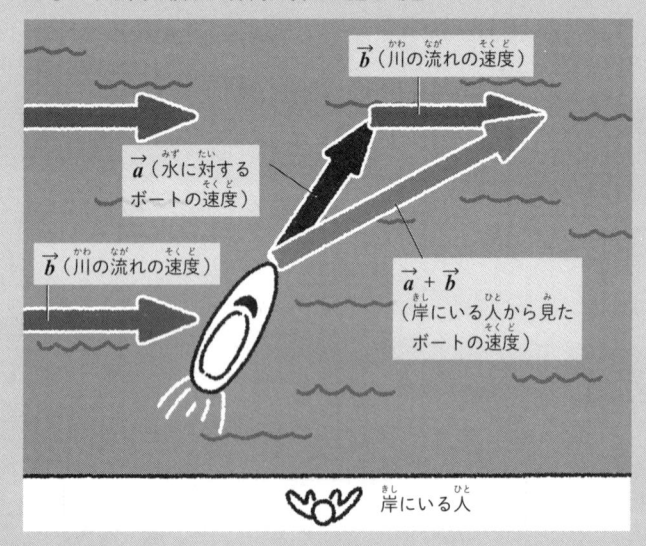

$\vec{b}$（川の流れの速度）

$\vec{a}$（水に対するボートの速度）

$\vec{b}$（川の流れの速度）

$\vec{a} + \vec{b}$（岸にいる人から見たボートの速度）

岸にいる人

## B. ボートが川の流れと同じ向きに進む場合

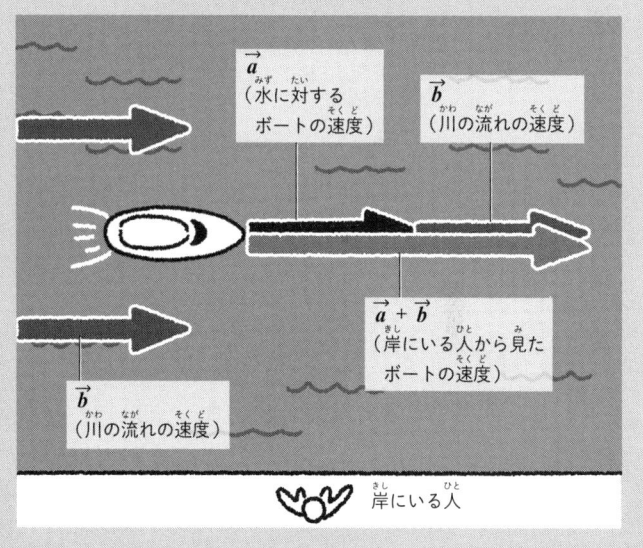

$\vec{a}$
（水に対する
ボートの速度）

$\vec{b}$
（川の流れの速度）

$\vec{a} + \vec{b}$
（岸にいる人から見た
ボートの速度）

$\vec{b}$
（川の流れの速度）

岸にいる人

# 4 物を，うっかり別々の方向に ひっぱってしまった場合

## 床の上の物体に， 2本の綱をつけてひっぱる

　今度は，「力」を例にして，ベクトルの足し算についてみていきましょう。

　右のイラストは，床の上に置かれた物体に2本の綱をつけてひっぱるようすを，真上から見たものです。1人は，イラストの上向きに，1キログラムの物体にはたらく重力と同じ大きさの力 $\overrightarrow{a}$ でひっぱります。一方，もう1人は，イラストの右向きに，1キログラムの物体にはたらく重力と同じ大きさの力 $\overrightarrow{b}$ でひっぱります。

床の上に置かれた物体は，どちらに動きだすでしょうか（答は38ページ）。

# 4　2本の綱で物体をひっぱる

床に置かれた重い物体を，2本の綱でひっぱるようすをえがきました。

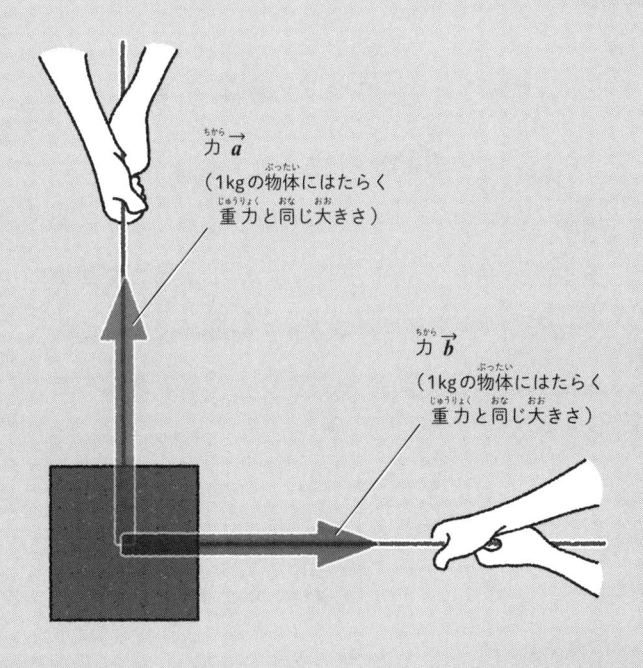

力 $\vec{a}$
（1kgの物体にはたらく
重力と同じ大きさ）

力 $\vec{b}$
（1kgの物体にはたらく
重力と同じ大きさ）

なんとなく，右上のほうに
動きそうだけど…。

## 二つの力を合わせた効果と等しい

　前のページの床の上に置かれた物体は，2本の綱をそれぞれ力 $\vec{a}$ と力 $\vec{b}$ でひっぱると，右斜め上45°の向きに動きだします。これは，二つの力 $\vec{a}$ と $\vec{b}$ を合わせた効果が，右斜め上45°の向きの一つの力の効果と，等しいことを意味しています。

　このように，二つ以上の力の効果と等しい効果をもつ一つの力を，「合力」といいます。合力のベクトルは，二つの力のベクトル $\vec{a}$ と $\vec{b}$ の和，つまり $\vec{a} + \vec{b}$ になります。

# 5 合力の求め方

合力 $\vec{a}$ + $\vec{b}$ の求め方をえがきました。ベクトルの足し算 $\vec{a}$ + $\vec{b}$ のやり方には，$\vec{a}$ と $\vec{b}$ をつぎ足す方法のほかに，$\vec{a}$ と $\vec{b}$ がつくる平行四辺形の対角線をえがく方法があります。

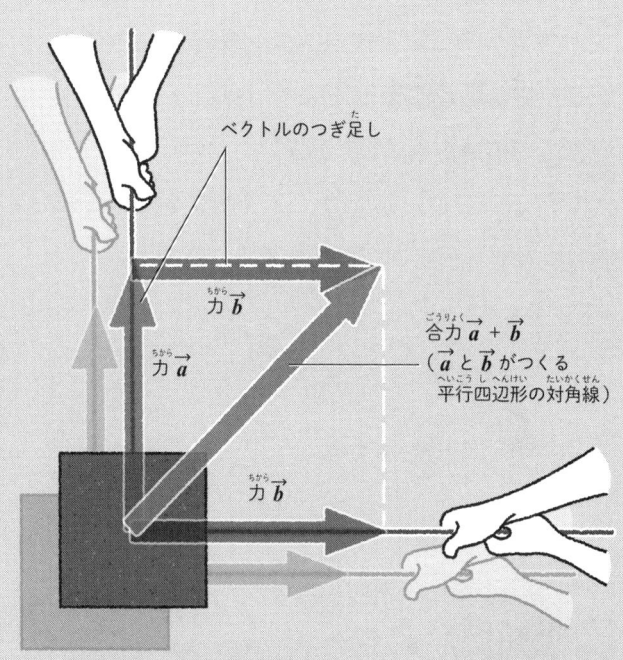

ベクトルのつぎ足し

力 $\vec{b}$

力 $\vec{a}$

合力 $\vec{a}$ + $\vec{b}$
（$\vec{a}$ と $\vec{b}$ がつくる
平行四辺形の対角線）

力 $\vec{b}$

右斜め上45°の向きに動きだす

# $\vec{a}$ と $\vec{b}$ を2辺とする，平行四辺形をえがく

$\vec{a} + \vec{b}$ は，ボートと川の流れの例で紹介したように，$\vec{b}$ を平行移動させて，$\vec{a}$ の先端につぎ足して考えることができます。一方，$\vec{a}$ と $\vec{b}$ を2辺とする平行四辺形をえがけば，$\vec{a} + \vec{b}$ は平行四辺形の対角線になります。

なおここでは，$\vec{a}$ と $\vec{b}$ を2辺とする平行四辺形は，特殊な平行四辺形である正方形です。

二つの力で別々の方向に物体をひっぱると，対角線の方向に動くクラ。

**memo**

## どっちにひっぱっても, ベクトルの足し算は成り立つ

### 平行四辺形の対角線とつぎ足しは, 結果が一致

　前のページで, ベクトルの足し算 $\vec{a} + \vec{b}$ のやり方には, $\vec{a}$ と $\vec{b}$ をつぎ足す方法のほかに, $\vec{a}$ と $\vec{b}$ がつくる平行四辺形の対角線をえがく方法があることを紹介しました。

　平行四辺形の対角線をえがく方法は, ベクトルをつぎ足す方法と, 結果がつねに一致します。このため, ベクトルの足し算を, どちらの方法で考えてもかまいません。

# どんな角度でも，
## 平行四辺形の対角線が合力に

　44ページのイラストは，$\vec{a}$ と $\vec{b}$ の長さが等し
く，$\vec{a}$ と $\vec{b}$ の間の角度が鋭角の場合の合力です。
鋭角は，90°未満の角度のことです。一方，45
ページのイラストは，$\vec{a}$ と $\vec{b}$ の長さが等しくな
く，$\vec{a}$ と $\vec{b}$ の間の角度が鈍角の場合の合力です。
鈍角は，90°よりも大きく180°よりも小さい角
度のことです。

　**どちらの場合も，前のページ同様，$\vec{a}$ と $\vec{b}$ を
2辺とする平行四辺形をえがけば，その対角線が
合力 $\vec{a} + \vec{b}$ になります。** 44ページのイラストの
平行四辺形は，特殊な平行四辺形であるひし形
です。

二つの力の間の角度や，力の大きさがことなる場合の，合力

をえがきました。

二つの力の間（ふた つ ちから あいだ）の角度（かくど）が90°
未満（みまん）の場合（ばあい）の合力（ごうりょく）

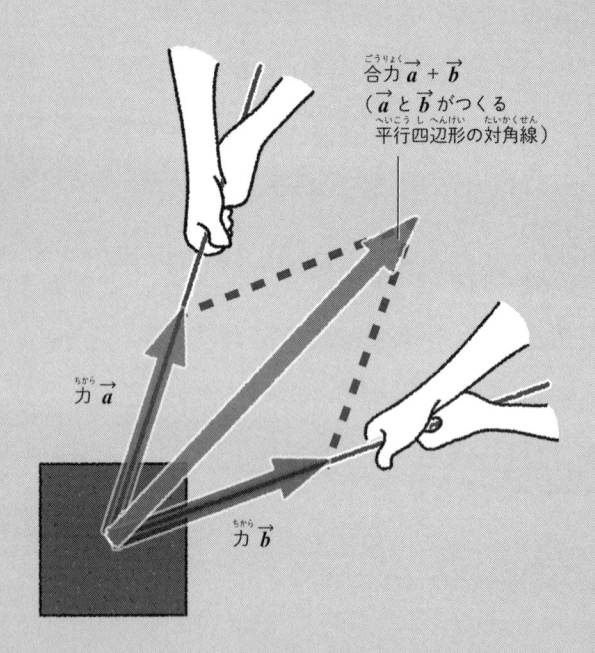

合力（ごうりょく）$\vec{a} + \vec{b}$
（$\vec{a}$ と $\vec{b}$ がつくる
平行四辺形（へいこうしへんけい）の対角線（たいかくせん））

力（ちから）$\vec{a}$

力（ちから）$\vec{b}$

## 二つの力の間の角度が90°をこえ，力の大きさがことなる場合の合力

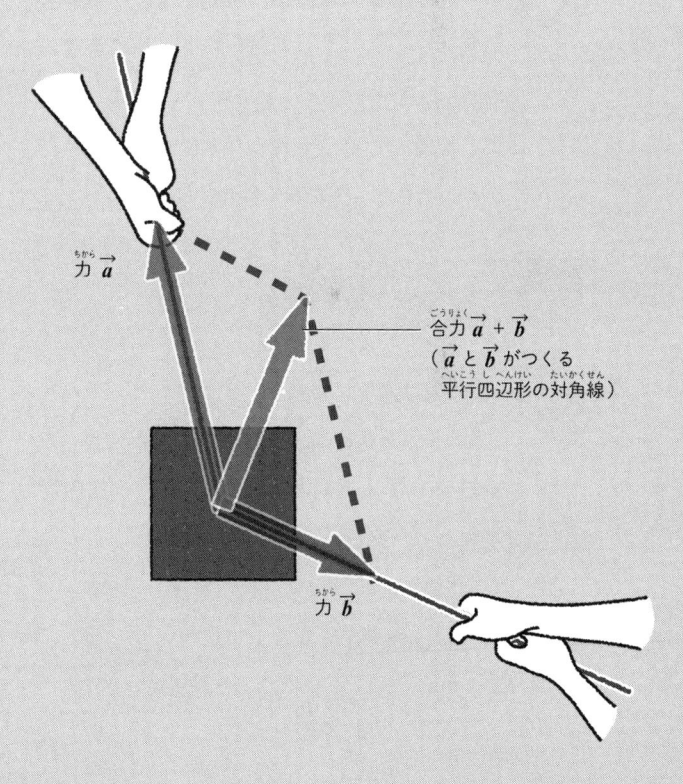

力 $\vec{a}$

合力 $\vec{a} + \vec{b}$
（ $\vec{a}$ と $\vec{b}$ がつくる
平行四辺形の対角線）

力 $\vec{b}$

博士！教えて!!

# 「3本の矢の教え」って何？

博士，3本の矢の教えって何ですか？

ふむ。戦国時代の武将，毛利元就にまつわる伝説のことじゃな。毛利元就は，死のまぎわに3人の息子を枕元によびよせて，3本の矢をたとえ話に，遺言を残したといういい伝えがある。それが，3本の矢の教えじゃ。

へぇ～。どんな遺言なんですか？

1本の矢はすぐに折れてしまうけれど，束ねた3本の矢は簡単には折れない。だから兄弟3人で結束して，毛利家を守れ，といった内容じゃ。

兄弟は，仲良くしなきゃいけないってことですよね。

46

その通りじゃ。実際には，この3本の矢をたとえ話にした遺言は，なかった可能性が高いらしい。じゃが，戦国時代は戦争ばっかりしておってのぉ，親戚どうしや兄弟どうしで争うこともあったんじゃ。じゃから，3本の矢のたとえ話は，結束の大切さを伝える教訓として，伝わったんじゃろうな。

## 力がはたらいていない，
## ということではない

今度は，ブレーキをかけて坂に停車している車を例に，ベクトルの足し算をみていきましょう。

坂道に車がブレーキをかけて停車しているとします（50ページのイラスト）。動いていないのだから，この車には何も力がはたらいていない……，と考えるのは誤りです。「動いていない＝力がはたらいていない」ということではないのです。

実はこの車には，「重力（$a$）」，地面とタイヤの間の「摩擦力（$b$）」，そして地面が車を垂直上向きに押し返す「垂直抗力（$c$）」という，三つの力がはたらいています。車が地面にめりこん

でいかないのは，地面が車を垂直抗力で押し返しているからです。

## 車が動かないのは，力がつり合っているから

　車に三つの力がはたらいているにもかかわらず，車が動かないのは，三つの力がつり合っているからです。**このとき，これらの三つの力のベクトルの和は，ゼロになっています。**つまり，$\vec{a} + \vec{b} + \vec{c} = 0$ ということです（51ページのイラスト）。

$\vec{a} + \vec{b} + \vec{c} = 0$ は，「$\vec{0}$（ゼロベクトル）」と書く場合もあるよ。

## 7 停車中の車にはたらく力

停車中の車にはたらく三つの力（A）と，三つの力のつり合い（B）をえがきました。

### A. 停車中の車にはたらく三つの力

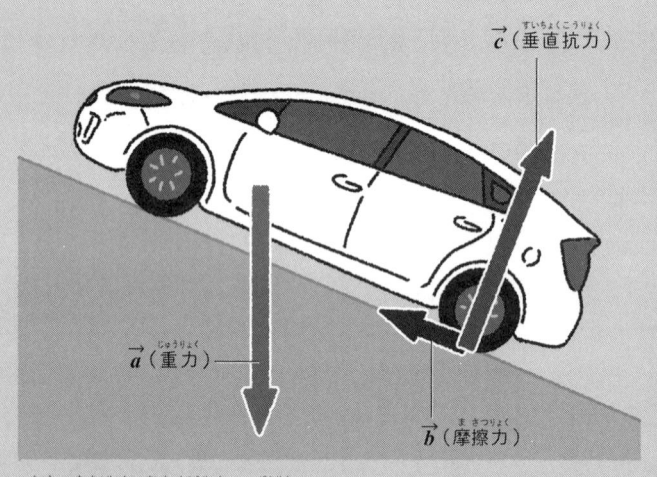

注：摩擦力と垂直抗力は，前輪にもかかります。しかし50〜59ページでは，車にかかる摩擦力と垂直抗力の全体を，後輪で代表させてえがいてあります。

摩擦力と垂直抗力を足した力は，重力と同じ大きさなのだ。

## B. 三つの力のつり合い

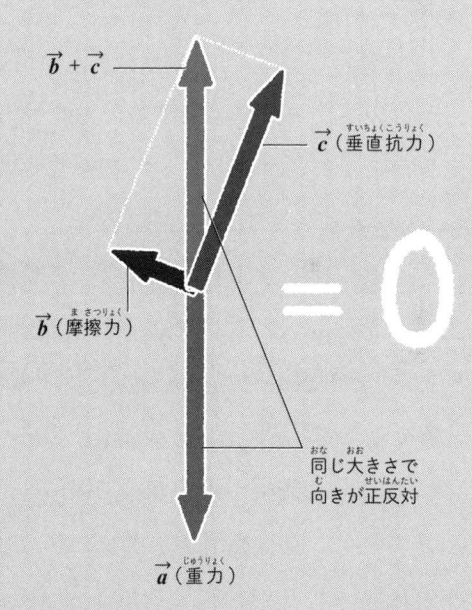

$\vec{b} + \vec{c}$

$\vec{c}$（垂直抗力）

$\vec{b}$（摩擦力）

$= 0$

同じ大きさで
向きが正反対

$\vec{a}$（重力）

# 重力は，坂に垂直な成分と平行な成分に分解できる！

## 一つのベクトルは，二つのベクトルに分解できる

　前のページまでは，二つのベクトルを足し算して，一つのベクトルに合成する方法を紹介してきました。これとは逆に，一つのベクトルを二つのベクトルに分解することもできます。

　たとえば，坂に停車中の車にはたらいている重力のベクトル（$\vec{a}$）は，坂に平行な成分のベクトル（$\vec{a_1}$）と，坂に垂直な成分のベクトル（$\vec{a_2}$）に分解できます（$\vec{a} = \vec{a_1} + \vec{a_2}$）。重力のベクトル（$\vec{a}$）の末端と先端の両方から，坂に平行な直線と坂に垂直な直線を引きます。すると，重力のベクトル（$\vec{a}$）を対角線にもつ，平行四辺形ができます。この平行四辺形のうち，坂に平行な1辺が，坂に平行な重力の成分のベクトル（$\vec{a_1}$）

です。一方，坂に垂直な1辺が，坂に垂直な重力の成分のベクトル（$\overrightarrow{a_2}$）です。

# 力がつり合っているため，車は動かない

坂に平行な重力の成分 $a_1$ は，摩擦力 $\overrightarrow{b}$ とつり合っています。一方，坂に垂直な重力の成分 $\overrightarrow{a_2}$ は，垂直抗力 $c$ とつり合っています。このため，坂道に停車している車は，動かないのです。

私たちは，つねに重力によって地球にひっぱられているにもかかわらず，床やいすなどにめりこんでいかないのは，床やいすなどが，私たちを押し返しているからなのだ。これが垂直抗力なのだ。

## 8 坂に平行な力と垂直な力

坂に平行な重力の成分と垂直な重力の成分（A）と，坂に平行
な力のつり合いと垂直な力のつり合い（B）をえがきました。

## A. 坂に平行な重力の成分と，垂直な重力の成分

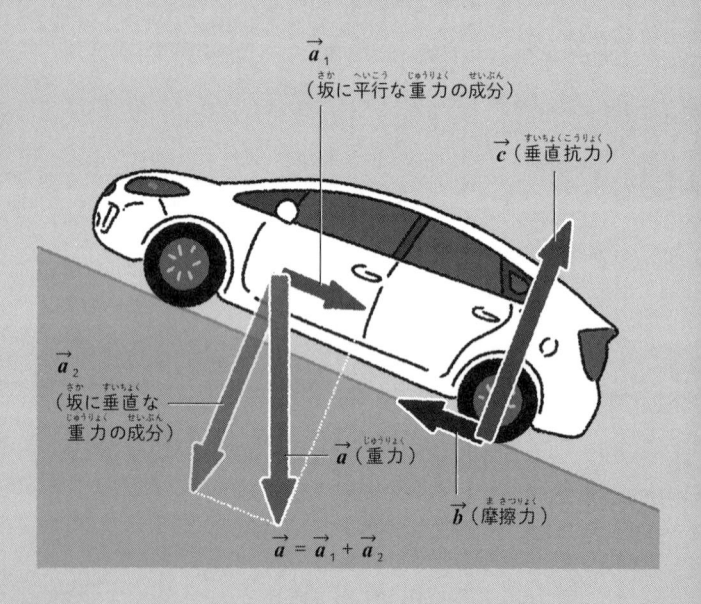

$\vec{a}_1$
（坂に平行な重力の成分）

$\vec{c}$（垂直抗力）

$\vec{a}_2$
（坂に垂直な
重力の成分）

$\vec{a}$（重力）

$\vec{b}$（摩擦力）

$\vec{a} = \vec{a}_1 + \vec{a}_2$

重力を分解した成分は，それぞれ摩擦力，垂直抗力と同じ大きさだクラ。

## B. 坂に平行な力のつり合いと，垂直な力のつり合い

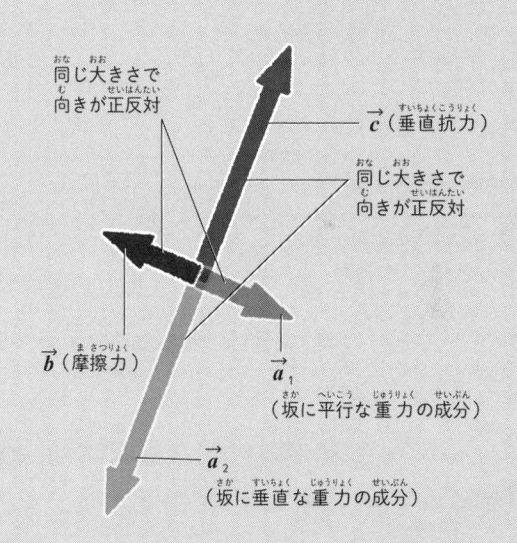

同じ大きさで向きが正反対

$\vec{c}$（垂直抗力）

同じ大きさで向きが正反対

$\vec{b}$（摩擦力）

$\vec{a}_1$（坂に平行な重力の成分）

$\vec{a}_2$（坂に垂直な重力の成分）

# 9 坂の傾斜をきつくすると、坂に平行な成分がふえる

## 垂直抗力は小さくなり、摩擦力は大きくなる

　ここで、坂の傾斜をきつくしていくと、停車している車にはたらく力に何がおきるのかをみてみましょう。

　坂の傾斜をきつくしていくと、坂に垂直な重力の成分 $a_2$ は小さくなっていき、坂に平行な重力の成分 $a_1$ は大きくなっていきます（58ページのイラスト）。坂に垂直な重力の成分 $a_2$ が小さくなるにしたがって、垂直抗力 $c$ は小さくなっていきます。一方、坂に平行な重力の成分 $\overrightarrow{a_1}$ が大きくなるにしたがって、摩擦力 $\overrightarrow{b}$ は大きくなっていきます。

# 摩擦力が限界に達すると，車は動きだす

　摩擦力 $\vec{b}$ は，力のつり合いを保ちながら大きくなっていきます。しかし，摩擦力の大きさには，限界があります。最終的に摩擦力 $\vec{b}$ が限界に達すると，$\vec{a_1}$ のほうが $\vec{b}$ よりも大きくなり，力がつり合わなくなります（59ページのイラスト）。この結果，車は動きだしてしまうのです。

　摩擦力の限界は「最大静止摩擦力」といい，垂直抗力 $\vec{c}$ の大きさやタイヤの材質などによって決まります。

急すぎる坂道で車を止めると，動いてしまうのだ。

# 9 坂の傾斜をきつくした場合

坂の傾斜をきつくした場合に車にはたらく重力（A）と，坂に平行な重力の成分と摩擦力の足し算（B）をえがきました。

## A. 坂の傾斜をきつくした場合に車にはたらく重力

$\vec{a}_1$
（坂に平行な重力の成分。坂の傾斜がきついほど大きくなる）

$\vec{c}$（垂直抗力）

$\vec{a}_2$
（坂に垂直な重力の成分）

$\vec{a}$（重力）

$\vec{b}$（摩擦力）

坂に平行な重力の成分が摩擦力よりも大きいから，車は動きだしてしまうんだね。

## B. 坂に平行な重力の成分と摩擦力の足し算

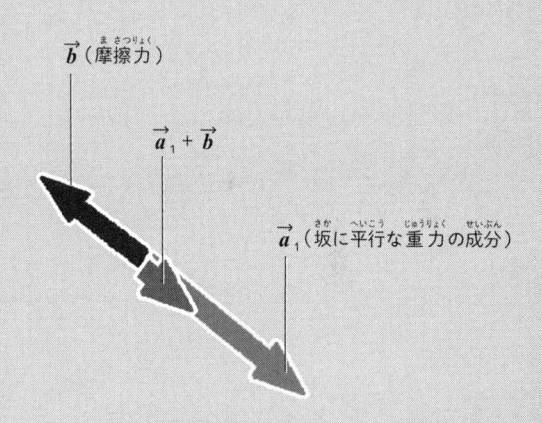

$\vec{b}$（摩擦力）

$\vec{a_1} + \vec{b}$

$\vec{a_1}$（坂に平行な重力の成分）

# 三つ叉の綱引きは，どっちに

高校生の田中くんと山本くんが、来週に迫った体育祭について話しています。

山本：綱引き楽しみだな。動かなかった綱が，一気に動くのが気持ちいいよね。

田中：綱が動かない間は，両方の組の力がつり合ってるってことだよね。

**Q** 三つ叉の綱引きを考えてみましょう。右の問題①と問題②の結び目は，どちらに動くでしょうか。結び目には，ベクトルであらわされる力がかかっているとします。

# 動く？

山本：矢印でえがくと，一直線上に，反対向きに同じ大きさになってつり合っているんだよな。

田中：じゃあ，三つの組で綱引きしたらどうなるんだろう。

山本：それは，いちばん強くひっぱった組のほうへ動くんじゃないのか？

田中：そうかな。ちょっと考えてみようぜ。

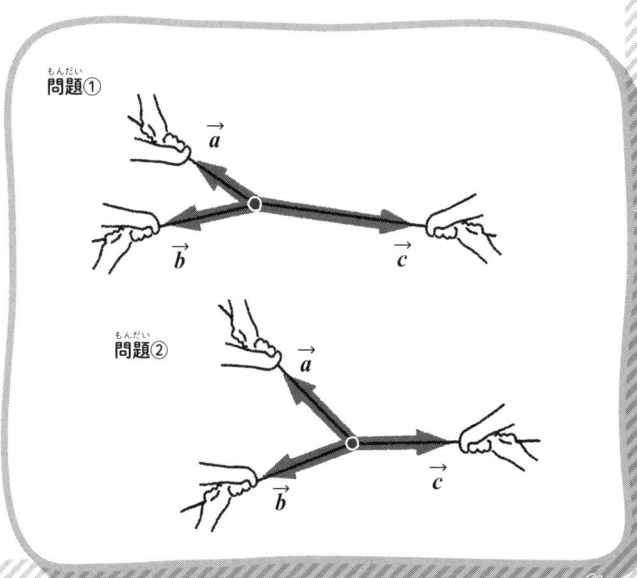

問題①

問題②

# ベクトルの足し算を，2回

**A** 問題①の答は，「三つの力がつり合っているので綱の結び目は動かない」です。問題②の答は，「結び目は左斜め上に動く」です。

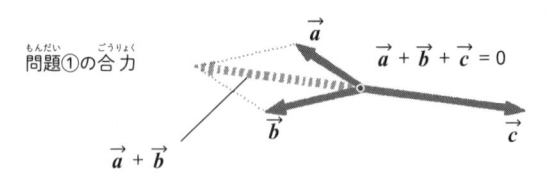

問題①の合力

$\vec{a} + \vec{b} + \vec{c} = 0$

$\vec{a} + \vec{b}$

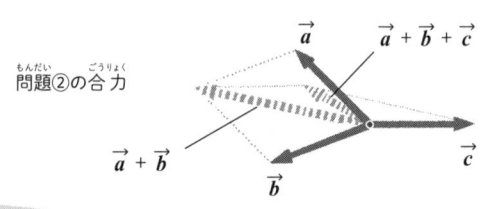

問題②の合力

$\vec{a} + \vec{b} + \vec{c}$

$\vec{a} + \vec{b}$

　三つ叉の綱引きの場合，まず二つのベクトルを足し算し，さらに残りの一つのベクトルを足し算します。そうすると，結び目がどちらに動くのかがわかります。

　問題①は，三つの力のベクトルの和がゼロになります。このため，力がつり合って結び目は動きません。

　問題②は，三つのベクトルの和が，左斜め上のベクトルになります。このため，結び目は左斜め上に動きます。

# すればわかる

山本：問題①は，絶対右に動くと思ったんだけどな。

田中：見た目で判断せずに，きちんと考えないとね。

山本：だいじなのは，見た目じゃなくて中身ということ
だね！

田中：そうそう。あっ，つぶれたまんじゅうあるけど食
べる？　見た目はよくないけど。

## 力の平行四辺形を発見

オランダの数学者で物理学者のシモン・ステビン（1548～1620）は現在のベルギーに生まれた

1586年に著書の『つり合いの原理』を発表

ステビンは14個の玉がひもでつながった数珠のようなものを三角形にかけるとどうなるか考えた

つり合って動かない！

さらに斜面にある玉にかかる力を分析

その結果「力の平行四辺形」を発見した

F1とF2の合力は平行四辺形の対角線にあたるF

F

F1

F2

まだ「ベクトル」という用語はない時代だった

## オランダの独立を支えた

ステビンは若いころ財務局で税金の計算などをしていた

「計算は得意ですよ」

35歳のときに現在のオランダへ

「学ぶぞ！」

スペインからの独立をめざす指導者創設のライデン大学に入学

その指導者とは独立後の初代国王ウィレム1世

この問題の解きかたは…

ステビンは国王の次男マウリッツと知り合い数学の家庭教師をした

マウリッツが総督になるとステビンは海軍に招かれ主計総監となった

堤防や排水路を整備し要塞に関する本を執筆した

# ベクトルの引き算

ベクトルは，足し算ができるだけではなく，引き算をすることもできます。第2章では，ベクトルの引き算をみていきましょう。

# もしも，走るトラックの荷台からボールを投げたなら

## 荷台の上から，時速100キロメートルで投げる

　ここからは，ベクトルの引き算を紹介していきます。まずは，走行中のトラックの荷台から，ボールを投げることを考えてみましょう。

　右のイラストのように，時速100キロメートルで左に進むトラックの荷台の上から，トラックから見て（ボールを投げた人から見て）時速100キロメートルで，右向きにボールを投げます。トラックの速度を$\vec{a}$，トラックから見た投げた瞬間のボールの速度を$\vec{b}$とします。これを静止している人から見ると，ボールはどのように見えるでしょうか（答は70ページ）。

# 1 進行方向と逆向きに投げる

走行中のトラックの荷台から, 進行方向とは逆向きに, トラックと同じ速さでボールを投げるようすをえがきました。

$\vec{b}$（トラックから見たボールの速度
：時速100km）

$\vec{a}$（トラックの速度
：時速100km）

静止している人

69

# 向きが正反対のベクトルは,
# マイナス記号であらわせる

## 静止している人から見ると,
## ボールは真下に落下

　静止している人から見た,投げた瞬間のボールの速度のベクトルは,$\vec{a} + \vec{b}$ になります。$\vec{a}$ と $\vec{b}$ のベクトルをつぎ足して考えると,$\vec{a} + \vec{b}$ は出発地点にもどってしまいます。つまり「$\vec{a} + \vec{b} = 0$」です(速度0)。

　静止している人から見ると,ボールは横方向には動かず,重力によって真下に落下することになるのです。ボールは確かに右向きに投げられたはずなのに,ちょっと不思議ですね。

## 2 ベクトルの引き算

トラックの速度とトラックから見たボールの速度は同じなので，ベクトルは同じ大きさで向きは逆になります。ベクトルをつぎ足すと元にもどってくるので，$\vec{a} + \vec{b} = 0$ になります。

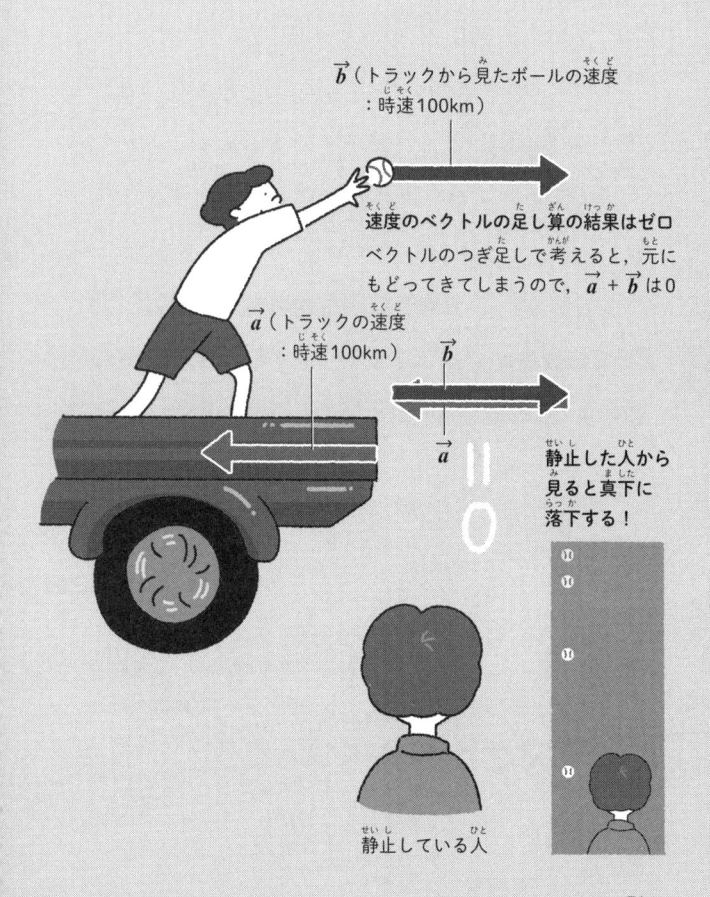

$\vec{b}$（トラックから見たボールの速度
：時速100km）

**速度のベクトルの足し算の結果はゼロ**
ベクトルのつぎ足しで考えると，元にもどってきてしまうので，$\vec{a} + \vec{b}$ は0

$\vec{a}$（トラックの速度
：時速100km）

$\vec{b}$

$\vec{a}$

＝

0

**静止した人から
見ると真下に
落下する！**

静止している人

# 負の数のように，あらわすことができる

100に$x$を足して0になった場合（$100 + x = 0$），$x$は「$-100$」という負の数になります（$x = -100$）。ベクトルの場合も同様に考えることができます。「$\vec{a} + \vec{b} = 0$」ということは，「$\vec{b} = -\vec{a}$（マイナスベクトル$a$）」だといえます。つまり，「$\vec{a} + (-\vec{a}) = \vec{a} - \vec{a} = 0$」です。

大きさが同じで向きが正反対のベクトルは，元のベクトルにマイナス記号（$-$）をつけて，負の数のようにあらわすことができるのです。

逆に，時速100キロメートルで右に進むトラックの上から，時速100キロメートルで，右向きにボールを投げると，時速200キロメートルの剛速球になるね！

# memo

## 危ない！　接近する
## 2台の車が衝突しそう

# 車1と車2が，
# 速度$\vec{c}$と$\vec{b}$で走行している

　今度は，接近する2台の車を例に，ベクトルの引き算についてみていきましょう。

　右ページのイラストを見てください。車1と車2が，速度$\vec{c}$と$\vec{d}$で走行しています。このまま行くと，ぶつかってしまいそうです。どうなるのでしょうか。実はベクトルを使って考えると，答がわかります（答は79ページ）。

# 車2から見ると，
# 外の景色は車2と逆向きに進む

　ここで，車2に乗っているところを想像してください。車2から見ると，車2は止まっていて，

外の景色が車2と同じ速さで逆向きに進むように見えるはずです。つまり，外の景色が速度「$-\vec{d}$」で動いているように見えます。**車1は速度 $\vec{c}$ で動いているので，車2から見た車1の速度は「$\vec{c} + (-\vec{d})$」，つまり「$\vec{c} - \vec{d}$」になります。**

　$\vec{c} - \vec{d}$ は，77ページのイラストの右端のベクトルだと考えることもできます。$\vec{d}$ の矢頭から $\vec{c}$ の矢頭に向かうようなベクトルをつぎ足せば，$\vec{c} - \vec{d}$ になるのです。

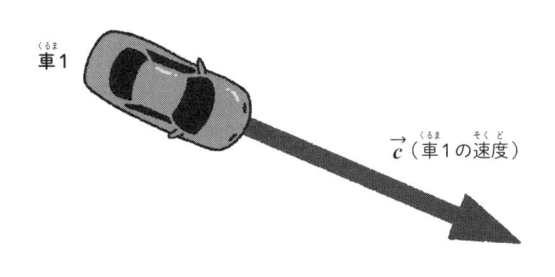

$\vec{c}$（車1の速度）

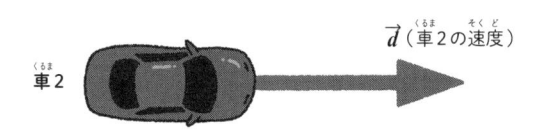

$\vec{d}$（車2の速度）

## 3 ベクトルの引き算の例

イラストにえがかれた車1と車2は，ぶつかるでしょうか。「ベクトルの引き算」を使うと答がわかります。

（出典：『なっとくする行列・ベクトル』，著/川久保勝夫，講談社，
　　　　1999年発行）

### A. 地上で静止した人から見た場合の2台の車

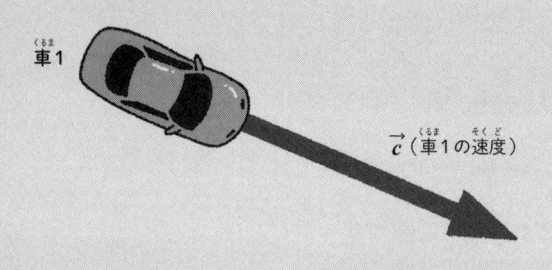

車1
$\vec{c}$（車1の速度）

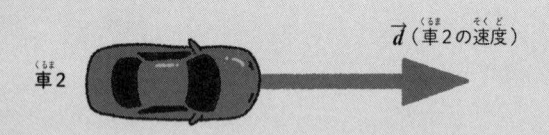

$\vec{d}$（車2の速度）

車2

## B. それぞれの速度のベクトルの関係

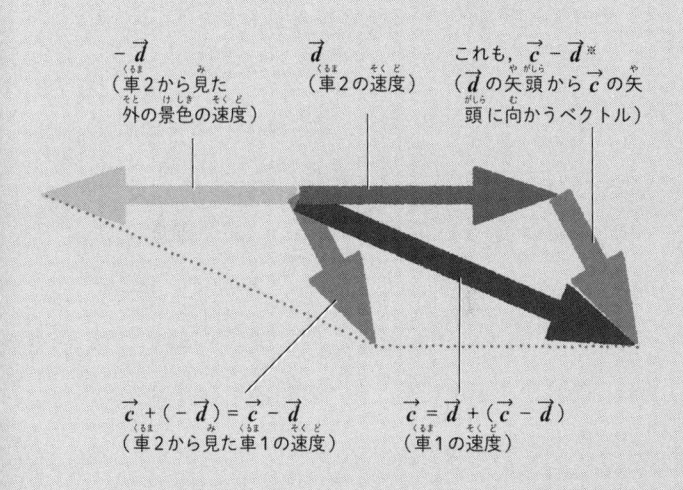

$-\vec{d}$
（車 2 から見た外の景色の速度）

$\vec{d}$
（車 2 の速度）

これも, $\vec{c} - \vec{d}$ ※
（$\vec{d}$ の矢頭から $\vec{c}$ の矢頭に向かうベクトル）

$\vec{c} + (-\vec{d}) = \vec{c} - \vec{d}$
（車 2 から見た車 1 の速度）

$\vec{c} = \vec{d} + (\vec{c} - \vec{d})$
（車 1 の速度）

※：$\vec{d}$ の矢頭から $\vec{c}$ の矢頭に向かう右端のベクトルを, $\vec{x}$ とします。
$\vec{d} + \vec{x} = \vec{c}$ なので, $\vec{d}$ を右辺に移項すると, $\vec{x} = \vec{c} - \vec{d}$ となり,
右端のベクトルは $\vec{c} - \vec{d}$ だとわかります。

# ギリギリセーフ。
## 2台の車は衝突しない

# 車1を，$\vec{c} - \vec{d}$ の向きに
# 平行移動させる

　それでは，前のページの答え合わせをしてみましょう。

　前のページで，車2から見た車1の速度を，ベクトルの引き算で求めました。車2から見ると，車2は止まっていて，車1が $\vec{c} - \vec{d}$ で運動しています。このため，車2を動かさずに，車1を $\vec{c} - \vec{d}$ の向きに滑らせるように平行移動させれば，それが車2から見た車1の軌跡になります。

実際に車1を $\vec{c} - \vec{d}$ の向きに平行移動させると，車1は車2の前方を，ぎりぎり通過していきます。したがって，2台の車はぎりぎりで衝突しないというのが答です。

## うしろにもっと長い車だった場合，通過できない

なお，2台の車が衝突するかどうかは，車の大きさにもよります。今回の問題の設定で，車1が大型バスやタンクローリーのようにうしろにもっと長い車だった場合，車1は車2の前方を通過することができません。車1の右側の側面が，車2の左側の前部と接触してしまうのです。

ぶつかりそうで，ぶつからなかったクラ。

# 4 車2から見た車1の動き

右ページに，車2から見た車1の軌跡をえがきました。車1は，点線の経路を進み，静止している車2の前方を通過します。

## 1. 地上で静止した人から見た場合の2台の車

車1

$\vec{c}$（車1の速度）

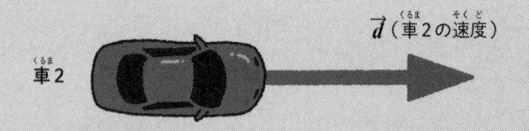

$\vec{d}$（車2の速度）

車2

## 2. 車2から見た場合

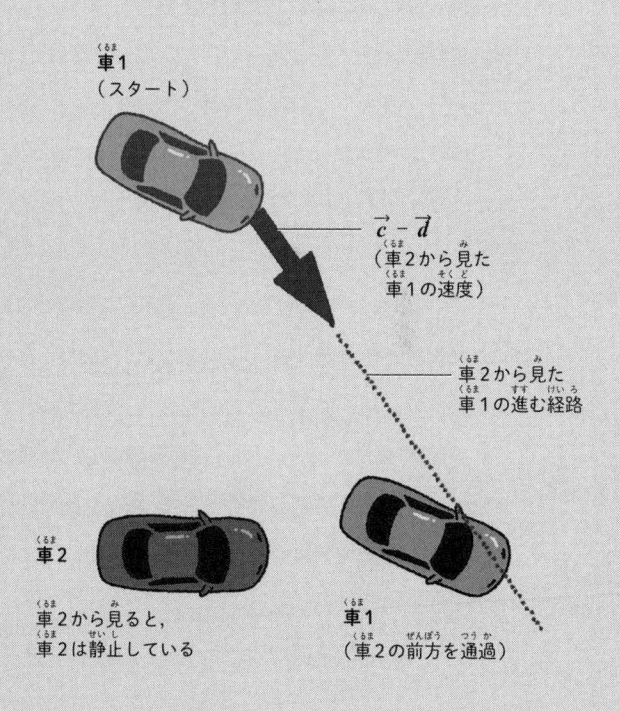

車1
（スタート）

$\vec{c} - \vec{d}$
（車2から見た
車1の速度）

車2から見た
車1の進む経路

車2

車2から見ると，
車2は静止している

車1
（車2の前方を通過）

# アメリカにある巨大矢印

アメリカには，長さ20メートルほどのコンクリート製の矢印が各地に存在しています。これは，1920年代なかば以降に，郵便物を運ぶ飛行機に正しい航空路を示すためにつくられたものです。それまで大陸を横断する郵便物は鉄道で運ばれていたのですけれど，時間短縮のために，飛行機が導入されたのです。

矢印は黄色いペンキで塗られ，近くには高さ15メートルほどの鉄塔が立っていました。この鉄塔は夜間飛行のためのもので，先端にはガスでともるライトが設置されていました。このライトがIDとなるモールス信号を点滅させることで，飛行機はその矢印がどの位置のものかを特定できました。

現在鉄塔はほぼ撤去され，矢印そのものも通信

技術の発展にともない，ほとんど使われなくなっています。その存在は，人々の記憶から失われつつありました。しかし近年，この矢印を追いかける人々がネットに情報をアップするようになり，矢印のリスト化が進んでいます。

# 第3章

# ベクトルを，座標で考えよう

ベクトルは，座標で考えると，矢印ではなく，「数の組み合わせ」であらわせるようになります。第3章では，ベクトルを座標で考えてみましょう。

# ベクトルは，数の組み合わせ であらわせる

## 矢印の後端を， 原点Oに平行移動する

　ここまで，ベクトルは矢印であらわしてきました。一方でベクトルは，「二つの数の組み合わせ」であらわすこともできます。

　まず，右のイラストのような，$xy$座標を考えます。次に，ベクトルの矢印の後端が，原点Oにくるように平行移動します。そして，このときの矢印の先端の$x$座標と$y$座標の値を使って，ベクトルを表現するのです。$\vec{a}$ の矢印の先端の $x$座標が3，$y$座標が4の場合，$\vec{a} = (3, 4)$ とあらわします。これを，「ベクトルの成分表示」といいます。$\vec{a}$ の場合，3が $\vec{a}$ の$x$成分で，4が $\vec{a}$ の$y$成分です。

## 1 ベクトルの成分表示

$\vec{a}$ と $\vec{b}$ を，$xy$座標にあらわしました。矢印を平行移動させて，後端を$xy$座標の原点Oにもってきたとき，その矢印の先端の座標がベクトルの成分となります。

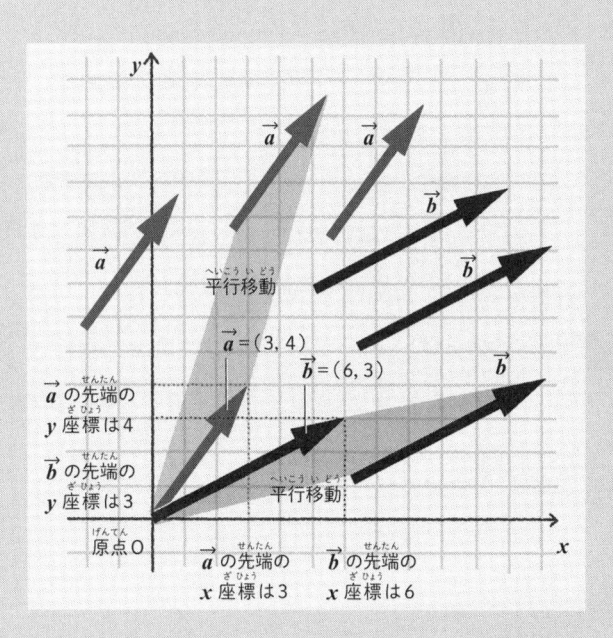

矢印を平行移動させて，
後端を原点につけるのだ。

# 平行移動しても，同じベクトルとみなす

「東向き，秒速5メートル」の風をあらわすベクトルは，測定地点がことなっても，ベクトルとしては同じです。ベクトルとは，大きさと向きによって決まる量だからです。

87ページのイラストでは，ベクトルをあちこちに平行移動しています。しかしそうしても，ベクトルとしては変わりません。たとえば，$\vec{a}$ ＝（3，4）ならば，$\vec{a}$ をどこにえがいても，その$x$ 方向の長さは3，$y$ 方向の長さは4です。87ページのイラストで，確かめてみてください。

ベクトルには，「平行移動しても同じベクトルとみなす」という約束事があるそうだよ。

# 2
## ベクトルが2倍3倍！　成分表示を使って計算してみよう

## ベクトルの大きさを求めることも，簡単

　ベクトルの成分表示を使うと，ベクトルについて自由自在に計算することが可能になります。

　たとえば，ベクトルの大きさを求めることも簡単です。$\vec{a}$ の大きさは，$|\vec{a}|$ という記号であらわします。$\vec{a} = (3, 4)$ の場合，三平方の定理から，

$$|\vec{a}| = \sqrt{3^2 + 4^2} = \sqrt{9 + 16} = \sqrt{25} = 5$$

と計算できます（91ページのイラスト）。

　$\vec{a} = (x, y)$ なら，$|\vec{a}| = \sqrt{x^2 + y^2}$　です。

# $2\vec{a}$ は，$\vec{a}$ の $x$ 成分と $y$ 成分を それぞれ 2 倍

一方，$\vec{a}$ と同じ向きで，大きさが 2 倍のベクトルは $2\vec{a}$，大きさが 3 倍のベクトルは $3\vec{a}$ とあらわします（右のイラスト）。

$2\vec{a}$ は $\vec{a}$ の $x$ 成分と $y$ 成分をそれぞれ 2 倍すると求められ，$3\vec{a}$ は $\vec{a}$ の $x$ 成分と $y$ 成分をそれぞれ 3 倍すると求められます。つまり，以下のようになります。

$$2\vec{a} = (2 \times 3,\ 2 \times 4) = (6,\ 8),$$
$$3\vec{a} = (3 \times 3,\ 3 \times 4) = (9,\ 12)$$

これは，「ベクトルの定数倍は成分の定数倍と同じ」という，ベクトルのもう一つの約束事なのだ。

## 2 ベクトルの定数倍

$\vec{a}$ を定数倍したベクトルを，$xy$座標にあらわしました。元の
ベクトルの2倍の大きさのベクトルの成分は，$x$成分と$y$成分を
それぞれ2倍にしたものです。3倍の大きさのベクトルの成分
は，$x$成分と$y$成分をそれぞれ3倍にしたものです。

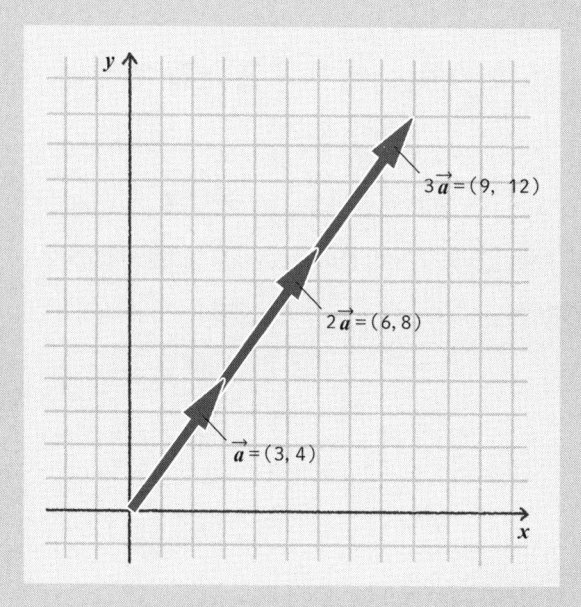

$3\vec{a}=(9,\ 12)$

$2\vec{a}=(6,8)$

$\vec{a}=(3,4)$

ベクトルの大きさが2倍になると，$x$成分
と$y$成分もそれぞれ2倍になるんだクラ。

# 成分表示を使うと，ベクトルの足し算と引き算が簡単！

## 成分ごとに，足したり引いたりするだけでいい

ベクトルの成分表示を使うと，ベクトルの足し算と引き算も簡単です。**ベクトルの$x$成分ごと$y$成分ごとに，足したり引いたりするだけでいいのです。**たとえば$\overrightarrow{a} = (2,\ 10)$，$\overrightarrow{b} = (6,\ 1)$なら，

$$\overrightarrow{a} + \overrightarrow{b} = (2 + 6,\ 10 + 1) = (8,\ 11),$$
$$\overrightarrow{a} - \overrightarrow{b} = (2 - 6,\ 10 - 1) = (-4,\ 9)$$

となります。

## 3 ベクトルの足し算と引き算

$\vec{a}$，$\vec{b}$，$-\vec{b}$，$\vec{a}+\vec{b}$，$\vec{a}-\vec{b}$ を，$xy$ 座標にあらわしました。ベクトルの成分表示を使った足し算と引き算は，矢印のつぎ足しを使った足し算と引き算と，同じ結果になります。

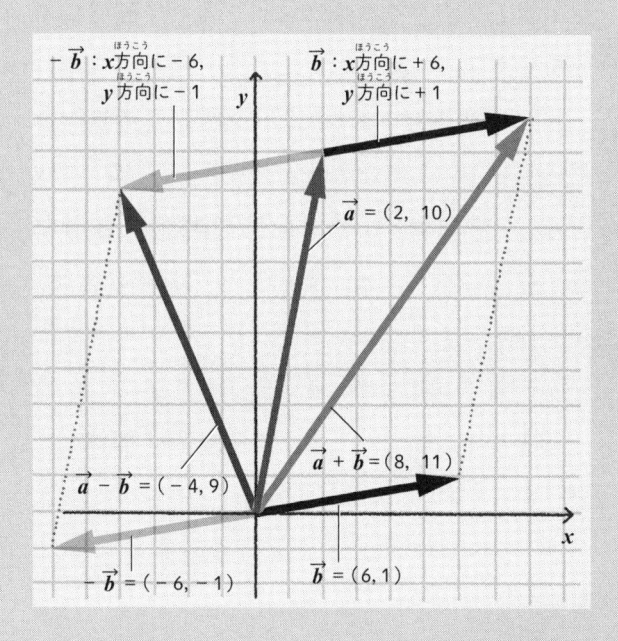

$-\vec{b}$：$x$方向に $-6$，$y$方向に $-1$

$\vec{b}$：$x$方向に $+6$，$y$方向に $+1$

$\vec{a}=(2,\ 10)$

$\vec{a}-\vec{b}=(-4,9)$

$\vec{a}+\vec{b}=(8,\ 11)$

$-\vec{b}=(-6,\ -1)$

$\vec{b}=(6,1)$

成分表示を使った足し算と引き算は，矢印のつぎ足しと同じことなんだね。

# $\vec{a}$ の座標から，$x$ 方向に＋6，$y$ 方向に＋1

93ページのイラストを見ながら，ベクトルの足し算と引き算を，矢印のつぎ足しで確認してみましょう。

$\vec{a} + \vec{b}$ の場合，$\vec{a}$ の矢印の先端に $\vec{b}$ の矢印をつぎ足すと，$\vec{b}$ の先端は $\vec{a}$ の座標（2, 10）からさらに$x$方向に＋6，$y$方向に＋1ずれた位置にきます。これが，$\vec{a} + \vec{b}$ の矢印の先端の座標，すなわち $\vec{a} + \vec{b}$ の成分表示になります。

$\vec{a} - \vec{b}$ も同様です。$\vec{a}$ の矢印の先端に $-\vec{b}$ の矢印をつぎ足すと，$-\vec{b}$ の先端は $\vec{a}$ の座標（2, 10）から$x$方向に－6，$y$方向に－1ずれた位置にきます。これが，$\vec{a} - \vec{b}$ の成分表示になります。

## memo

# 空間にあるベクトルも，三つの数であらわせる

## 二つの数であらわせるのは，平面にあるベクトル

ここまで，ベクトルは「二つの数の組み合わせ」であらわせることをみてきました。実は，二つの数の組み合わせであらわせるのは，ベクトルが平面にある場合です。これに対してベクトルが空間にある場合は，「三つの数の組み合わせ」であらわせます。

98ページのイラストは，点M(1, 3, 2)から点N(2, 7, 8)に向かって伸びる，空間ベクトル $\vec{a}$ をえがいたものです。$\vec{a}$ を，矢印の後端が原点Oにくるように，平行移動してみましょう。

# 矢印の先端の座標は，
# 同じ数を引けば求められる

　99ページのイラストは，$\vec{a}$ の矢印の後端が原点Oにくるように平行移動した結果です。点Mを原点Oに移動することは，点Mの$x$座標から1を引き，$y$座標から3を引き，$z$座標から2を引くことに相当します。

　移動後の $\vec{a}$ の矢印の先端である点Aの座標は，点Nの各座標から上と同じ数を引けば，求められます。その結果は（1，4，6）になるので，$\vec{a}$ ＝（1，4，6）と成分表示できます。

　このように空間ベクトルは，三つの数の組み合わせであらわせるのです。

数学では，さらに多くの数字の組み合わせであらわされるベクトルも考えるクラ。このような量を扱う学問を「線形代数」といい，物理学や経済学などでも利用されているクラ。

左のイラストは，空間ベクトル $\vec{a}$ をえがいたものです。右のイラストは，原点Oに平行移動した，空間ベクトル $\vec{a}$ をえがいたものです。右のイラストで，矢印の先端である点Aの座標が，空間ベクトル $\vec{a}$ の成分となります。

## A. 空間ベクトル $\vec{a}$

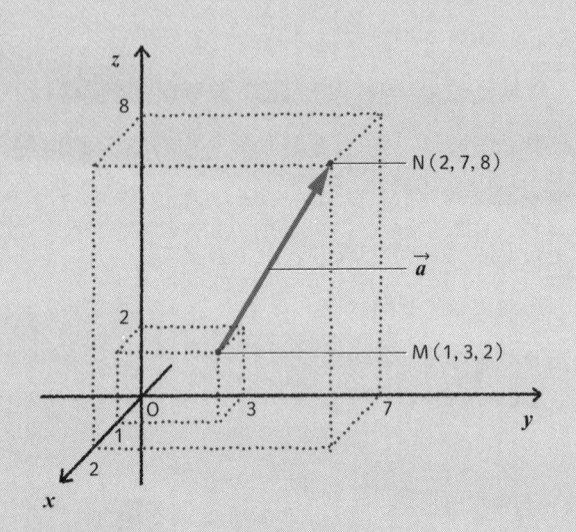

## B. 平行移動した空間ベクトル $\vec{a}$

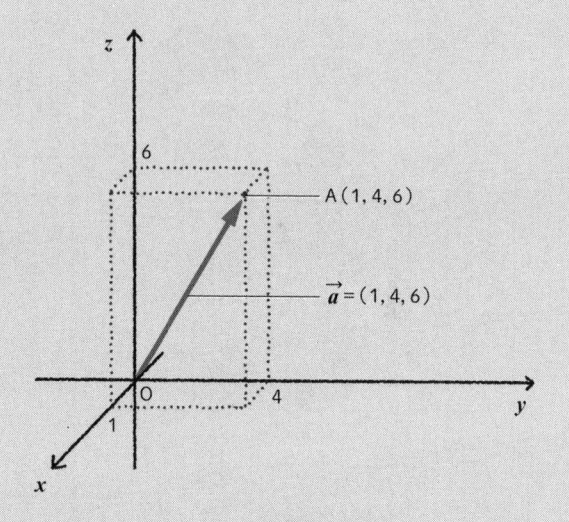

## ベクトルは四元数から

イギリスの数学者の
ウイリアム・ハミルトン
（1805〜1865）は
アイルランドに生まれた

ハミルトンは長年
複素数に変化を加えて
三次元空間の1点を
あらわそうと考えていた

二次元平面の
1点は複素数で
あらわせるのにな〜

1843年10月16日、
妻と散歩中に四元数の
基本公式をひらめく

これで三次元空間の
1点をあらわせる

興奮がおさまらない
ハミルトンは近くの
石橋に公式を刻んだ

この四元数を考える中で
ベクトルという用語が
はじめて使われた

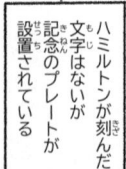

ハミルトンが
渡った橋は今も残る

ハミルトンが刻んだ
文字はないが
記念のプレートが
設置されている

## ニュートンの再来

ハミルトンは伯父から外国語教育を受け13歳で十数か国語を使いこなした

また12歳でニュートンの『プリンキピア』を読破。大学入学前に当時の数学をほぼ習得した

天文学にも精通し進学したトリニティ・カレッジでは在学中の22歳で天文学教授に

その後も研究者として数々の業績を残し「ニュートンの再来」といわれた

一方で熱中していた四元数の研究は進展せず酒におぼれ失意のうちに60歳で亡くなった

遺体は200冊以上のノートで囲まれていた

しかし四元数の研究は受けつがれ現在は3Dのアニメやゲームにいかされている

宇宙飛行も四元数が関係しているよ！

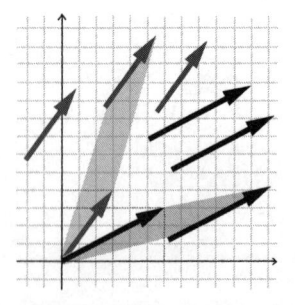

# 第4章

# ベクトルの
# かけ算「内積」

ここまで，ベクトルの足し算と引き算を
紹介してきました。ベクトルの計算には，
かけ算によく似た，「内積」というものも
あります。第4章では，ベクトルの内積を
みていきましょう。

# 物理学でいうところの，「仕事した〜」とは

## 力を使って動かした場合に，「仕事した」

　ベクトルの計算には，「内積」という，かけ算に似たものもあります。たとえば，ベクトル$\vec{F}$と$\vec{r}$の内積は，「$\vec{F} \cdot \vec{r}$」と書いて，「エフドットアール」などと読みます。ただし内積は，かけ算とは別物です。$\vec{F} \cdot \vec{r}$は「$\vec{F}$を$\vec{r}$倍する」という意味ではないからです。

　内積の定義は後まわしにして，内積と関係がある，物理学の「仕事」を紹介しましょう。物理学では，力を使って何かを動かした場合に，「仕事をした」といいます。物体には，仕事の分だけ運動エネルギーがあたえられ，物体の速度が変わります。

# 1 物理学の仕事

物理学では，力を使って物体を動かすことを仕事といいます。イラストは，摩擦のないよく滑る床に置かれた物体に，力$\vec{F}$をかけつづけながら，$\vec{r}$の距離だけひっぱる仕事をえがいたものです。物体は，仕事によって運動エネルギーをあたえられ，速度が変わります。

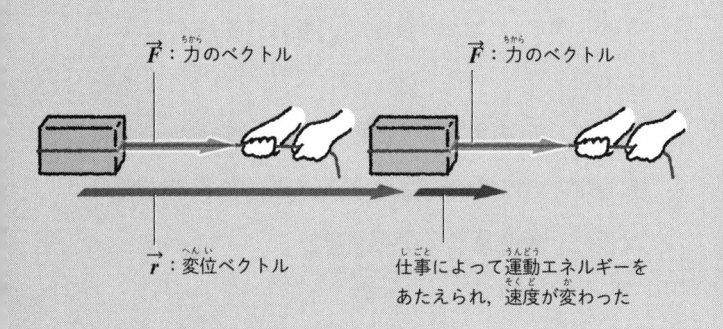

$\vec{F}$：力のベクトル

$\vec{F}$：力のベクトル

$\vec{r}$：変位ベクトル

仕事によって運動エネルギーをあたえられ，速度が変わった

注：運動エネルギーの増加は，あたえられた仕事に等しいということが，物理学の法則として知られています。

$\vec{F}$の大きさが大きいほど，$\vec{r}$の大きさが大きいほど，物体にあたえる運動エネルギーは大きくなるクラ！

# 二つのベクトルを使って，仕事を式であらわす

床に置かれた物体に力 $\vec{F}$ をかけつづけながら，床の上を滑るようにひっぱることを考えましょう（105ページのイラスト）。摩擦は，無視できるとします。物体の最初の位置と移動後の位置を結んでできるベクトル $\vec{r}$ を「変位ベクトル」といいます。$\vec{F}$ の大きさ $|\vec{F}|$ と，$\vec{r}$ の大きさ $|\vec{r}|$ を使って，105ページのイラストの仕事を式であらわすと，次のようになります。

$$105ページのイラストの仕事 = |\vec{F}||\vec{r}|$$

最初に静止していた物体は，仕事を行った結果，速度をもつようになる。つまり，物体は行った仕事の分だけ，エネルギーを得たのだ。

# ２ 仕事は，ベクトルの「内積」で計算できる！

## 物体を動かすのに使われるのは，移動方向の成分

　今度は，物体に斜め上方に力 $\vec{F}$ をかけながら，床の上を滑るようにひっぱる場合を考えましょう（109ページのイラスト）。前のページとことなる点は，斜めに力をかけているので，物体をひっぱるのに使われるのは，力 $\vec{F}$ の移動方向の成分のみだということです。

　$\vec{F}$ と $\vec{r}$ の間の角度を $\theta$（シータ）とすると，力 $\vec{F}$ の移動方向の成分の大きさは，「$|\vec{F}|\cos\theta$」とあらわせます。「$\cos\theta$」は，三角関数の「コサイン」とよばれるものです。たとえば，$\theta$ ＝ 60°のとき，$\cos\theta$ は0.5です（くわしくは112ページ）。

# 仕事の一般式が，内積の定義

　右のイラストの仕事を式であらわすと，次のようになります。

$$右のイラストの仕事 = |\vec{F}|\cos\theta \times |\vec{r}|$$
$$= |\vec{F}||\vec{r}|\cos\theta$$

　$\theta$ はどんな角度でもかまわないため，この式は仕事の一般式です。

$$仕事 = |\vec{F}||\vec{r}|\cos\theta$$

　そして実はこの「$|\vec{F}||\vec{r}|\cos\theta$」が，104ページの冒頭でふれた内積「$\vec{F}\cdot\vec{r}$」の定義でもあるのです。

$$仕事 = \vec{F}\cdot\vec{r} = |\vec{F}||\vec{r}|\cos\theta$$

## 2 斜め上方にひっぱる場合

イラストは，床に置かれた物体に，斜め上方に力$\vec{F}$をかけつづけながら，$\vec{r}$の距離だけひっぱる仕事をえがいたものです。$\vec{F}$の移動方向成分は，$|\vec{F}|\cos\theta$とあらわされます。仕事の一般式「$|\vec{F}||\vec{r}|\cos\theta$」は，内積「$\vec{F}\cdot\vec{r}$」の定義でもあります。

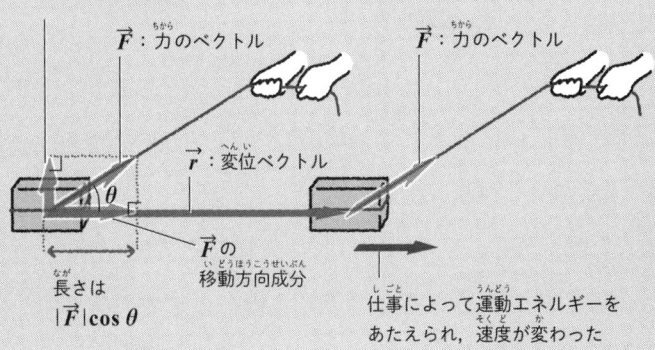

$\vec{F}$の鉛直方向成分

$\vec{F}$：力のベクトル

$\vec{F}$：力のベクトル

$\vec{r}$：変位ベクトル

$\theta$

$\vec{F}$の移動方向成分

長さは$|\vec{F}|\cos\theta$

仕事によって運動エネルギーをあたえられ，速度が変わった

$$\text{仕事} = \vec{F}\cdot\vec{r} = |\vec{F}||\vec{r}|\cos\theta$$

内積の定義

仕事の一般式は，内積の定義でもあるのだ。

# 内積に出てくる三角関数は, 要するに辺の比の値

## ある数を入れると, それに応じて定まる値を返す

　数学の世界には, 知っておくと便利な道具がいくつもあります。三角関数は, その代表的な例だといっていいでしょう。

　関数とは, ある数をそこに入れると, それに応じて定まる値を返してくれる機械のようなものです。三角関数も, ある数を入れると, それに応じて定まる値を返してくれます。三角関数に入れるある数の多くは, 角度です。たとえば, 30°や45°, 60°などです。

# $\cos$ が返してくるのは、底辺と斜辺の比の値

$x\,y$ 平面上に、原点Oを中心とした、半径1の円をえがきます（112ページのイラスト）。そして、円上の点Aと原点Oを結びます。その線と $x$ 軸がつくる角を「$\theta$」とすると、点Aの $x$ 座標が $\cos\theta$、$y$ 座標が $\sin\theta$ となります。

**$\sin$ が返してくれる値は、「高さと斜辺の比の値」です。** たとえば、$\sin 30° = \dfrac{1}{2}$、$\sin 45° = \dfrac{\sqrt{2}}{2}$ です。一方、**$\cos$ が返してくれる値は、「底辺と斜辺の比の値」です。** たとえば、$\cos 30° = \dfrac{\sqrt{3}}{2}$、$\cos 45° = \dfrac{\sqrt{2}}{2}$ です。これが、三角関数なのです。

> たとえば、入れる数を $x$ と書くとすると、「$2x$」という式は、立派な関数だクラ。この関数に3という数を入れると（つまり $x$ に3を代入すると）、6という数が返ってくるクラ。

三角関数の定義（A）と，三角関数であらわした直角三角形の辺の長さ（B）をえがきました。

## A. 三角関数の定義

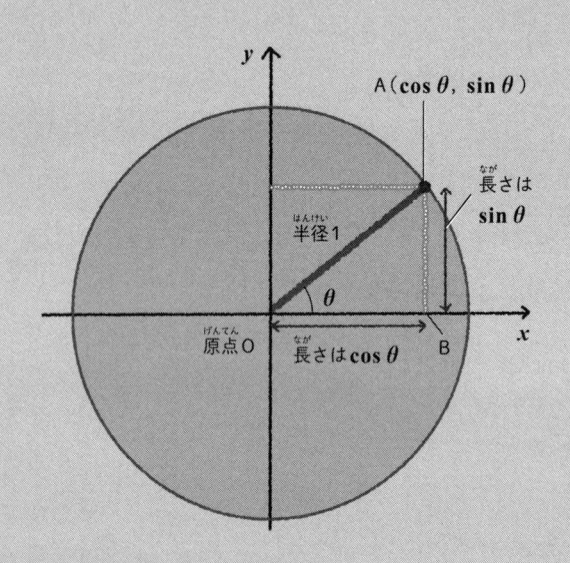

A(cos θ, sin θ)

半径1

原点O

長さは sin θ

長さは cos θ

B

θ

## B. 三角関数であらわした直角三角形の辺の長さ

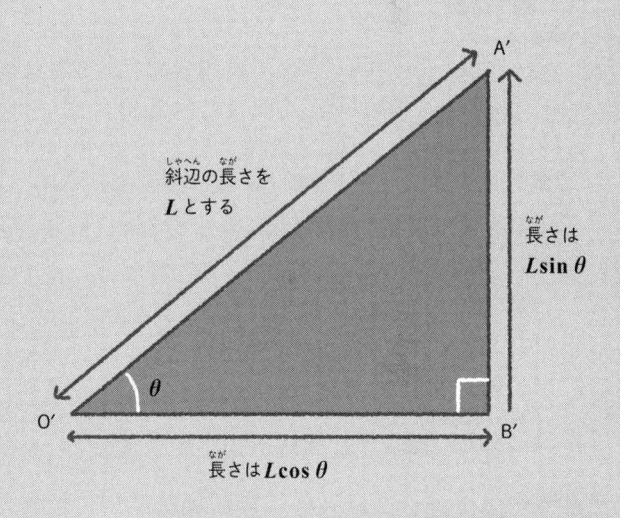

斜辺の長さを
$L$ とする

長さは
$L\sin\theta$

$\theta$

長さは $L\cos\theta$

左のグラフの直角三角形OABと，上の直角三角形
O'A'B'は，相似です。O'A'はOAを $L$ 倍したものなの
で，A'B'もABを $L$ 倍したもの，B'O'もBOを $L$ 倍し
たものになります。

# 成分表示を使うと，ベクトルの内積も簡単！

## 同じ方向の成分の長さで，計算する

ベクトルの内積について，もう少しくわしくみていきましょう。

**ベクトル$\vec{a}$と$\vec{b}$の内積は，$\vec{a}$と$\vec{b}$の間の角度を$\theta$とすると，**

$$\vec{a} \cdot \vec{b} = |\vec{a}||\vec{b}|\cos\theta$$

**とあらわせます。**この内積の意味は，116ページのイラストのように，$\vec{b}$に垂直な方向から光を当てたときにできる$\vec{a}$の影の長さと，$\vec{b}$の長さをかけ合わせたものと考えれば，イメージしやすいでしょう。$\vec{a} \cdot \vec{b}$は，$\cos\theta$をかけ算して，二つのベクトルの同じ方向の成分の長さで計算す

るのです。また，計算結果は，ベクトルではな
く，通常の数（スカラー）になります。

# 成分ごとにかけ算を行い，
# 足し合わせればいい

　ベクトルの成分表示を使うと，内積も簡単に
計算できます。

　たとえば，$\vec{a} = (3, 3)$，$\vec{b} = (4, 0)$なら，

$$\vec{a} \cdot \vec{b} = 3 \times 4 + 3 \times 0 = 12$$

と求められます。つまり，ベクトルの$x$成分ごと
$y$成分ごとにかけ算を行い，それぞれを足し合わ
せればいいのです。

　$\vec{a} = (a_1, a_2)$，$\vec{b} = (b_1, b_2)$の場合，

$$\vec{a} \cdot \vec{b} = a_1 \times b_1 + a_2 \times b_2$$

となります。

# 4 内積の意味と計算方法

内積の幾何学的な意味（A）と，内積の2通りの計算方法（B）を
あらわしました。

## A. 内積の幾何学的な意味

光（$\vec{b}$ に垂直な方向から当てる）

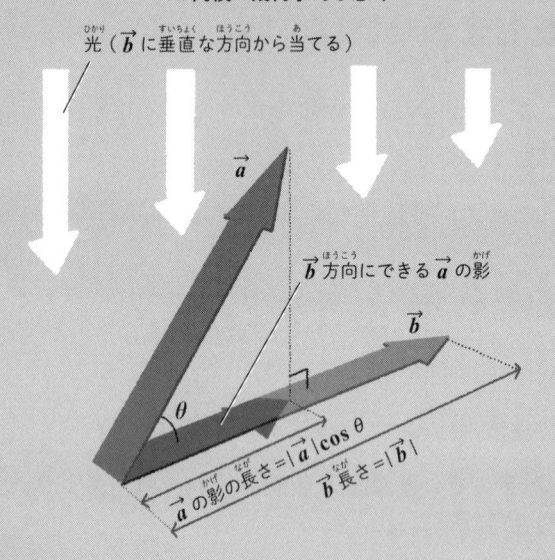

$\vec{a}$

$\vec{b}$ 方向にできる $\vec{a}$ の影

$\vec{b}$

$\theta$

$\vec{a}$ の影の長さ＝$|\vec{a}|\cos\theta$

$\vec{b}$ 長さ＝$|\vec{b}|$

$$\vec{a}\cdot\vec{b} = (\vec{a}\,の影の長さ) \times (\vec{b}\,の長さ)$$
$$= |\vec{a}|\cos\theta \times |\vec{b}|$$
$$= |\vec{a}||\vec{b}|\cos\theta$$

## B. 内積の2通りの計算方法

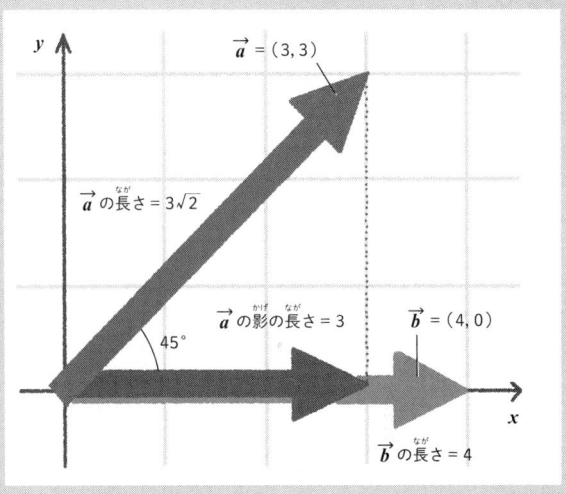

（1）幾何学的な計算
$$\vec{a} \cdot \vec{b} = (\vec{a} \text{の影の長さ}) \times (\vec{b} \text{の長さ}) = 3 \times 4 = 12$$

（2）成分による計算
$$\vec{a} \cdot \vec{b} = (x\text{成分どうしのかけ算}) + (y\text{成分どうしのかけ算})$$
$$= 3 \times 4 + 3 \times 0 = 12$$

（1）と（2）のどちらで計算しても，同じ結果になります。

## 直交している場合，光を当てても影はできない

　今度は，ベクトル$\vec{a}$と$\vec{b}$が，直角に交わっている場合の内積についてみてみましょう。

　**$\vec{a}$と$\vec{b}$が直交している場合，$\vec{a}$と$\vec{b}$の内積は，ゼロになります。** 120ページのイラストのように，$\vec{b}$に垂直な方向から光を当てても，$\vec{a}$の影はできません。このため，$\vec{a}$の影の長さはゼロとなり，$\vec{a} \cdot \vec{b} = 0$になるのです。ベクトル$\vec{a}$と$\vec{b}$の内積の式，$\vec{a} \cdot \vec{b} = |\vec{a}||\vec{b}|\cos\theta$で考えると，$\cos 90° = 0$のため，内積はゼロになります。

# 計算結果がゼロになれば，直交している

$\vec{a}$ と $\vec{b}$ が直交しているかどうかは，簡単に確かめることができます。ベクトルの成分表示を使って $\vec{a} \cdot \vec{b}$ を計算し，計算結果がゼロになれば，$\vec{a}$ と $\vec{b}$ は直交していることを意味します。

たとえば，$\vec{a} = (2, 10)$，$\vec{b} = (5, -1)$ の内積を計算すると，

$$\vec{a} \cdot \vec{b} = 2 \times 5 + 10 \times (-1)$$
$$= 10 - 10 = 0$$

と求められます。この結果，$\vec{a}$ と $\vec{b}$ は直交していることがわかるのです。

# 5 ベクトルが直交している場合

二つのベクトルが直交していると，内積はゼロになります（A）。逆に，内積を計算してゼロになる場合は，ベクトルが直交しているといえます（B）。

### A. 直交していると，影はできない

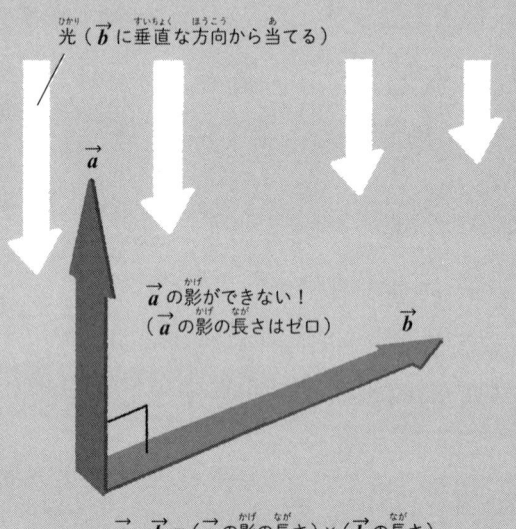

光（$\vec{b}$ に垂直な方向から当てる）

$\vec{a}$

$\vec{a}$ の影ができない！
（$\vec{a}$ の影の長さはゼロ）

$\vec{b}$

$$\vec{a} \cdot \vec{b} = (\vec{a} \text{ の影の長さ}) \times (\vec{b} \text{ の長さ})$$
$$= 0 \times |\vec{b}| = 0$$

## B. 内積を計算してゼロになれば，直交している

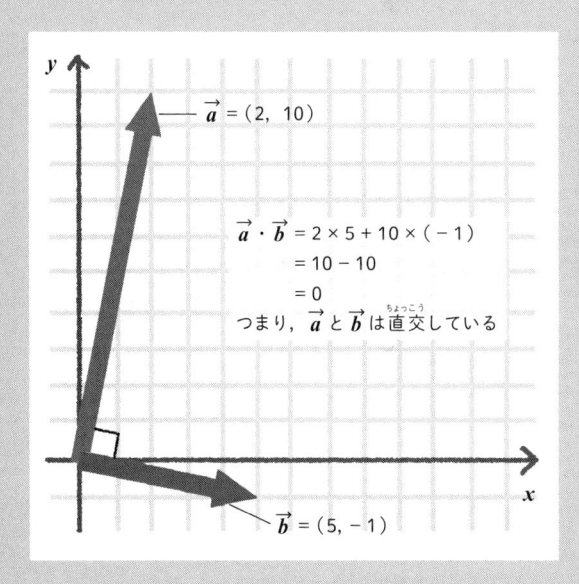

$$\vec{a} = (2,\ 10)$$

$$\vec{a} \cdot \vec{b} = 2 \times 5 + 10 \times (-1)$$
$$= 10 - 10$$
$$= 0$$

つまり，$\vec{a}$ と $\vec{b}$ は直交している

$$\vec{b} = (5,\ -1)$$

# やじろべえって何？

博士，何してるんですか？

ふぉっふぉっふぉ。これは，やじろべえじゃ。

両手の長い人形みたいですね。

うむ。両手のような部分の端には，重りがついておる。この中心の体のような部分を指に乗せて，ゆらゆらさせるんじゃよ。やってみるかの。

落ちそうで落ちない。面白い！

端の重りが，指先よりも下にあることが重要なんじゃ。

へぇ〜。なんで，やじろべえっていうんですか。

122

江戸時代の，与二郎という人の名前が由来という説があるようじゃの。与二郎は道ばたで，このおもちゃを頭にかぶった笠の上で舞わせる芸をして，お金をかせいでいたそうじゃ。

へぇ〜。与二郎が，やじろべえになったのか。

# 重力の仕事は,「重力の大きさ」と「物が落ちた高さ」の内積

## 地球の重力が, 物体に対して仕事を行う

　ベクトルの内積と仕事,エネルギーの関係について,別の具体例を紹介しましょう。

　物体を,高さ $h$ メートルの場所から落とすことを考えます(右のイラスト)。物体には,重力 $\overrightarrow{F}$ がはたらいているので,物体は加速しながら落下していきます。つまり物体は,落下すると,運動エネルギーを得るのです。これは,地球の重力が物体に対して仕事を行い,その仕事の分,物体が運動エネルギーを得たと考えることができます。

## 6 落下する物体が受ける仕事

物体が落下した場合に，重力が行った仕事をえがきました。重力が行った仕事は，$|\vec{F}|h$ です。

**重力が物体に対して行った仕事**

$$\vec{F} \cdot \vec{r}_1 = |\vec{F}||\vec{r}_1|\cos 0° = |\vec{F}|h$$

この分が運動エネルギーとして物体にあたえられ，物体の速度が変わった

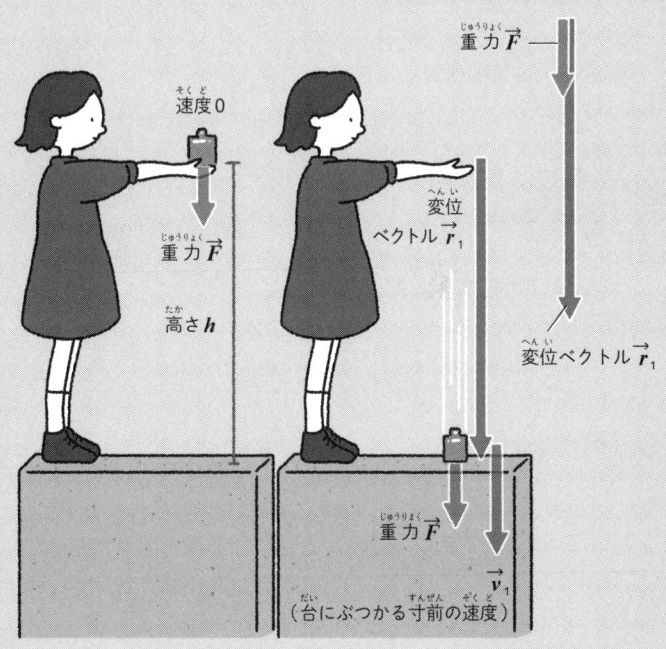

速度0

重力 $\vec{F}$

高さ $h$

重力 $\vec{F}$

変位ベクトル $\vec{r}_1$

重力 $\vec{F}$

変位ベクトル $\vec{r}_1$

重力 $\vec{F}$

$\vec{v}_1$

（台にぶつかる寸前の速度）

# 重力が行った仕事は，計算できる

　物体の最初の位置と，地面にぶつかる直前の位置とを結ぶ変位ベクトルを $\vec{r}_1$ とします。**物体が地面に落ちるまでに，重力が行った仕事は，**

$$\vec{F} \cdot \vec{r}_1 = |\vec{F}||\vec{r}_1|\cos\theta$$

**とあらわせます。**

　上の式で，$\vec{r}_1$ の大きさは，地面から物体の最初の位置までの高さ $h$ と同じです。一方，$\vec{F}$ と $\vec{r}_1$ の間の角度 $\theta$ は，$0°$ です。$\cos 0° = 1$ なので，次のように計算できます。

$$\vec{F} \cdot \vec{r}_1 = |\vec{F}||\vec{r}_1|\cos\theta = |\vec{F}|h$$

# 7 物を斜面に滑らせるのも，重力の仕事

## 斜面を滑り落ちた物体の速度は，どうなるのか

　今度は，前のページと同じ高さから，斜面を滑り落ちる物体を考えてみましょう（129ページのイラスト）。摩擦は，無視できるとします。斜面を滑り落ちたあとの物体の速度は，単純に落下させた場合とくらべて，速くなるでしょうか。遅くなるでしょうか。

## 高さの変化量が同じなら，同じ結果になる

　変位ベクトルを $\vec{r_2}$ とすると，重力が行った仕事は，$\vec{F} \cdot \vec{r_2} = |\vec{F}||\vec{r_2}|\cos\theta$ とあらわせます。イラストをよく見ると，$|\vec{r_2}|\cos\theta$ は，ちょう

ど高さ$h$と一致していることがわかります。その
ため重力の仕事は，次のように計算できます。

$$\vec{F} \cdot \vec{r}_2 = |\vec{F}||\vec{r}_2|\cos\theta = |\vec{F}|h$$

つまり，斜面を物体が滑り落ちた場合に重力
が行った仕事は，物体が落下した場合に重力が
行った仕事と，まったく同じになります。この
ことは，どんな傾斜の斜面でも成り立ちます。運
動エネルギーの増加は与えられた仕事に等しいの
で（力学の法則），高さの変化量（$h$）が同じであ
れば，物体にあたえられる運動エネルギーは同じ
になり，速度も同じになるのです。

落下しても斜面を滑り落ちても，
落ちる高さが同じなら，運動エネ
ルギーは同じなのだ。

# 7 斜面を滑り落ちる場合

物体が斜面を滑り落ちた場合に，重力が行った仕事をえがきました。重力が行った仕事は，物体が落下した場合と同じ，$|\vec{F}|h$ です。

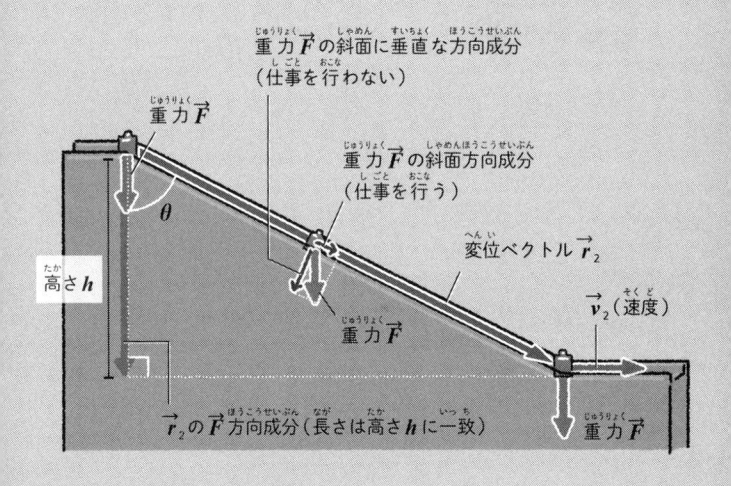

重力 $\vec{F}$ の斜面に垂直な方向成分
（仕事を行わない）

重力 $\vec{F}$

重力 $\vec{F}$ の斜面方向成分
（仕事を行う）

変位ベクトル $\vec{r}_2$

高さ $h$

$\theta$

重力 $\vec{F}$

$\vec{v}_2$（速度）

$\vec{r}_2$ の $\vec{F}$ 方向成分（長さは高さ $h$ に一致）

重力 $\vec{F}$

**重力が物体に対して行った仕事**

$$\vec{F} \cdot \vec{r}_2 = |\vec{F}||\vec{r}_2|\cos\theta = |\vec{F}|h$$

この分が運動エネルギーとして物体にあたえられ，
物体の速度が変わった

# 落下の前後で，エネルギーの総量は変わらない

## 落下前の物体は，潜在的なエネルギーをもつ

　物体が最終的に得る運動エネルギーが，斜面のあるなしや斜面の角度によらないということは，落下前の物体は，高さ $h$ で決まる潜在的なエネルギーをもっていると考えることもできます。この潜在的なエネルギーは，「位置エネルギー」または「ポテンシャルエネルギー」とよばれています。

## 位置エネルギーと運動エネルギーの和は一定

　物体の質量を $m$，落下する物体が1秒間に得る速度である「重力加速度」を $g$ とすると，重力

## 8 力学的エネルギー保存則

ジェットコースターで，力学的エネルギー保存則をあらわしました。棒グラフは，位置エネルギーと運動エネルギーの内訳をあらわしています。ジェットコースターが進むにつれ，位置エネルギーの割合が減り，その分，運動エネルギーの割合がふえます。

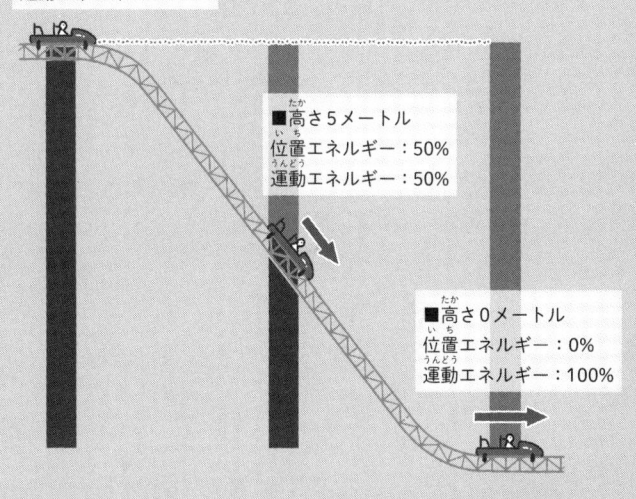

■高さ10メートル
位置エネルギー：100%
運動エネルギー：0%

■高さ5メートル
位置エネルギー：50%
運動エネルギー：50%

■高さ0メートル
位置エネルギー：0%
運動エネルギー：100%

速度がいちばん速いのは，運動エネルギーの割合が最も大きい，高さ0メートルのときだね。

の大きさは$mg$，物体のもつ位置エネルギーは$mgh$とあらわせることが知られています。**位置エネルギーと運動エネルギーの和は一定であり，これを「力学的エネルギー保存則」といいます。**

　物体が落下すると，位置エネルギーが減り，その分，運動エネルギーがふえます。まっすぐ落ちても斜めに落ちても，高さの減少量が同じであれば，位置エネルギーの減少量も同じで，その結果，運動エネルギーの増加量も同じになるのです。

ただし，重力以外の力による何らかの仕事を受けると，その分，エネルギーの総量は増減するクラ。たとえば，物体にひもをつけてひっぱったり，斜面で摩擦力がはたらいたりした場合だクラ。

## memo

# 第5章

# ベクトルでみる！
# 電気と磁気，光

私たちにとって身近な，電気や磁石などの力も，実はベクトルであらわすことができます。第5章では，電気と磁気，そして光を，ベクトルでみていきましょう。

# 一つの点にベクトルが一つの「ベクトル場」

## 電場や磁場など、さまざまな場が存在する

現代物理学において、きわめて重要な概念に、「場」があります。電場や磁場など、自然界にはさまざまな場が存在します。では、場とは、いったい何なのでしょうか？

実は、場にもいくつかの種類があり、その代表例が「ベクトル場」と「スカラー場」です。

## 各地点で、風の向きと強さが一つに決まる

ベクトル場の身近な例は、風の分布です（右のイラスト）。風は、「この地点は東向きの風、秒速10m」、「あの地点は北向きの風、秒速5m」と

# 1 風の分布はベクトル場

ベクトル場の例として，風の分布をえがきました。ある地点での風の向きと強さを，矢印の向きと長さであらわしています。

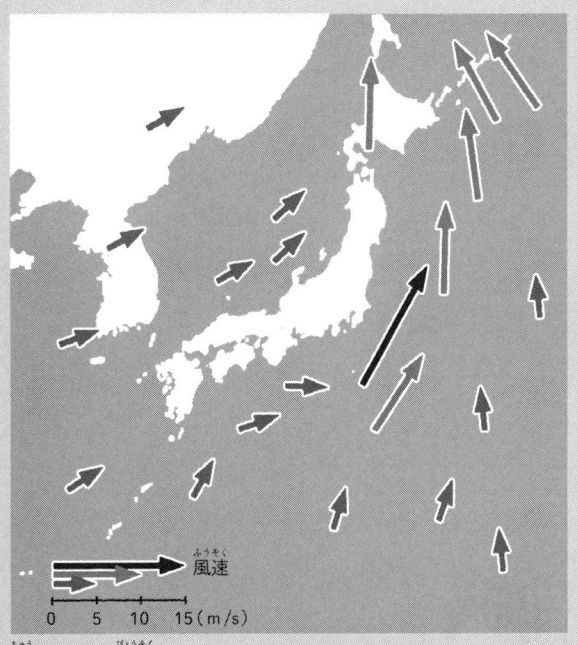

0　5　10　15（m/s）

風速

注：5m/s＝秒速5メートル

いったように，各地点で風の向きと強さをあらわすベクトルが一つに決まります。このような各地点でのベクトル全体を，「ベクトル場」とよぶのです。

一方，気圧の分布図では，各地点で気圧の値が一つに決まります。このように，各地点で大きさだけをもつ量であるスカラーの値が一つに決まるような場合が，「スカラー場」です。

注：電場は，「電界」ということもあります。
　　磁場は，「磁界」ということもあります。

「スカラー」は，一つの数の大きさだけであらわせる量のことだったね。

# 2 電気の力を生む「電場」は，ベクトル場

## 電気的な引力を受けたり，反発力を受けたり

**ベクトル場の例には，「電場」があります。**
正の電気を帯びた粒子Aのそばに，負の電気を帯びた粒子Bを置くと，粒子Bは粒子Aに引き寄せられる向きに，電気的な引力を受けます。この力は，粒子Aと粒子Bの距離が遠くなるほど弱くなります。また，粒子Aのそばに，正の電気を帯びた粒子Cを置くと，粒子Cは粒子Aから遠ざかる向きに電気的な反発力を受けます。

# 粒子の周囲には, ベクトルが分布している

　実は, 粒子Aと粒子B, 粒子Cの間でおきる現象は, はなれた粒子どうしが直接力をおよぼし合っておきるわけではありません。

　粒子Aはまず, 周囲に「電場」というベクトル場をつくります。電場は目には見えませんけれども, 粒子Aの周囲には, 風の分布に似たベクトルが分布しています。そして粒子Bや粒子Cは, 風から力を受ける木の葉のごとく, その地点での電場から力を受けるのです。これが, ベクトル場である電場です。

電場の大きさ（ベクトルの長さ）は, 中心の電気を帯びた粒子から遠ざかるほど弱くなるクラ（距離の2乗に反比例）。

## 2 電場のベクトル

粒子Aの周囲の電場のベクトルのうち，一部をえがきました。
正の電気を帯びた粒子Aがつくった電場に，負の電気を帯びた
粒子Bを置くと，粒子Bは電場と反対向きに力を受けます。
一方，正の電気を帯びた粒子Cを置くと，粒子Cは電場の向き
に力を受けます。

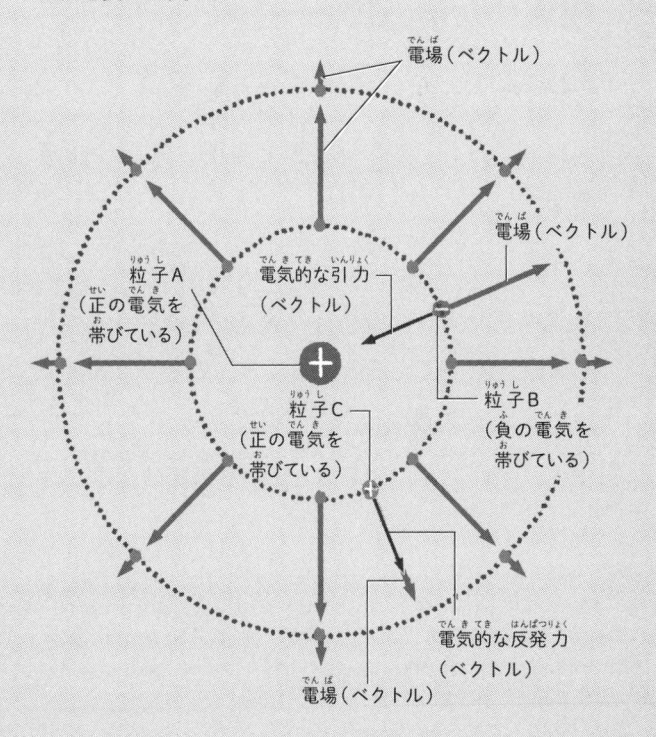

電場（ベクトル）

電場（ベクトル）

粒子A
（正の電気を
帯びている）

電気的な引力
（ベクトル）

粒子B
（負の電気を
帯びている）

粒子C
（正の電気を
帯びている）

電気的な反発力
（ベクトル）

電場（ベクトル）

注：実際の電場のベクトルは，空間のあらゆる点に存在しています。
　　イラストには，一部の点だけをえがきました。

# 磁気の力を生む「磁場」も，やっぱりベクトル場

## 磁気的な引力は，距離が遠くなるほど弱くなる

「磁場」も，電場と同じように，ベクトル場です。

磁石AのN極の前方に，磁石Bを置くことを考えてみましょう。磁石AのN極の方向に，磁石BのS極を向けて磁石Bを置くと，磁石Bは磁石Aに引きよせられる向きに，磁気的な引力を受けます。この力は，磁石Aと磁石Bの距離が遠くなるほど弱くなります。

一方，磁石AのN極の方向に，磁石BのN極を向けて磁石Bを置くと，磁石Bは磁石Aから遠ざかる向きに磁気的な反発力を受けます。

## **3** 磁場のベクトル

磁石Aの周囲の磁場のベクトルのうち，一部をえがきました。ベクトルの向きは，N極から出てS極に入っていく向きです。磁石BのN極は，磁場の向きに力を受けます。逆に磁石BのS極は，磁場と反対向きに力を受けます。磁石BのN極とS極のうち，磁石AのN極に近いN極が，より大きな力を受けます。

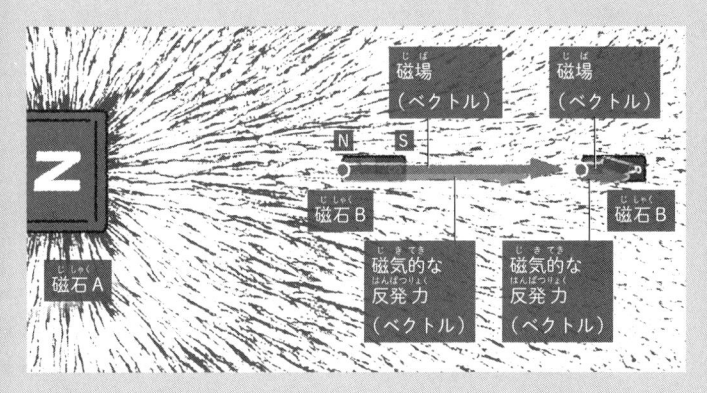

注：実際の磁場のベクトルは，空間のあらゆる点に存在しています。イラストには，一部の点だけをえがきました。ベクトルと磁石Bは，重なっています。磁石の周囲に砂鉄をまいたときにあらわれる「磁力線」は，磁場のベクトルの方向をあらわしています。

# 磁石の周囲には，ベクトルが分布している

　磁気による引力と反発力も，電気による引力と反発力と同じです。磁石Aと磁石Bの間でおきる現象は，はなれた磁石どうしが直接力をおよぼし合っておきるわけではありません。

　磁石Aはまず，周囲に「磁場」というベクトル場をつくります。磁石Aの周囲には，ベクトルが分布しています。そして磁石Bは，磁石Bを置いた地点での磁場から，力を受けるのです。これが，ベクトル場である磁場です。

磁石Bは，磁石Aの周囲の磁場から，反発力を受けているのだ。

# 4 磁石とコイルを使って，電流をつくることができる

## 磁石をコイルの中に突っこむと，磁場が増大

　ここからは，電気と磁気の密接な関係をみていきましょう。

　コイル（電流を流す導線をらせん状に巻いたもの）に磁石を突っこむと，電流が生じます。これは，磁気を使って電気を生みだせることを意味しています。磁石をコイルの中に突っこむと，コイルの中の磁場が増大します（磁場のベクトルが長くなります）。その結果，コイルに，上から見て時計まわりの環状の電流が流れるのです。

# 磁場の変動によって，周囲に電場が生じた

　電流とは，ミクロな視点からみれば，負の電気を帯びた「電子」という小さな粒子の流れだといえます。ややこしいのですけれど，電流の定義上，電流の向きと電子の流れの向きは逆になります。

　139〜140ページで紹介した「電場」について思いだすと，電子が動いた（力を受けた）ということは，コイルの導線の内部に電場が生じたということを意味します。つまり，磁場の変動（磁場のベクトルの長さの変動）によって，周囲に環状の電場が生じたのです。このような現象を「電磁誘導」といいます。

# 4 電磁誘導

棒磁石をコイルの中に突っこむことでおきる，電磁誘導をえが
きました。コイルの導線の内部では，電流と同じ向きに電場の
ベクトルが生じています。

## A. 磁場の変動が電流（電場）を生む

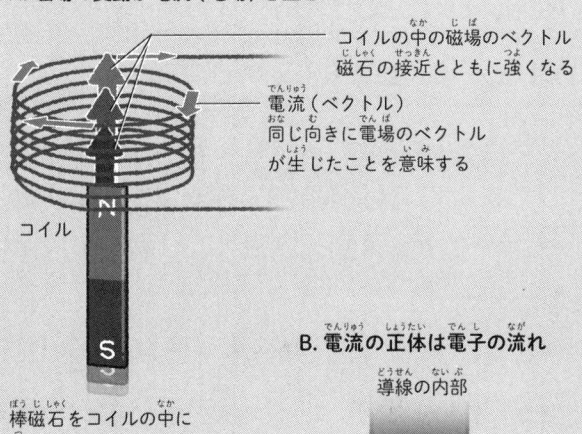

コイルの中の磁場のベクトル
磁石の接近とともに強くなる

電流（ベクトル）
同じ向きに電場のベクトル
が生じたことを意味する

コイル

棒磁石をコイルの中に
突っこむ
→コイルの中の磁場が
変動（増加）する（ベ
クトルが長くなる）
→ 電流（電場）が発生

注：電子の大きさは，誇張
してえがいています。

## B. 電流の正体は電子の流れ

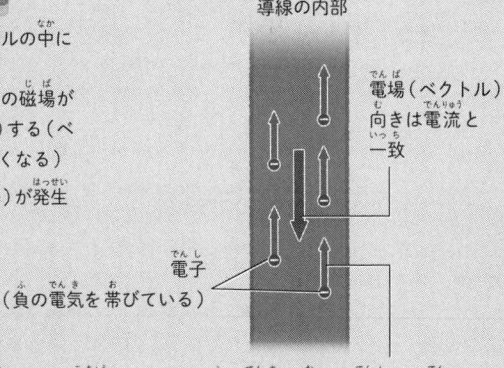

導線の内部

電場（ベクトル）
向きは電流と
一致

電子
（負の電気を帯びている）

負の電気を帯びた電子は，電
場とは逆向きに力を受ける

## 羽根車の回転が，
## 連動する磁石を回転させる

　私たちは日々，電磁誘導の恩恵を受けて生活しています。私たちが毎日使う電気の多くは，発電所で，電磁誘導によって生みだされたものだからです。

　たとえば，火力発電所では，石油や石炭，天然ガスなどを燃やして，その熱で水を沸騰させます。沸騰した水から生じた水蒸気の高速の流れは，羽根車に当てられて，羽根車を回転させます。そして羽根車の回転が，連動する磁石を回転させて，電気を生みだしているのです（右ページ上のイラスト）。

# 5 磁場と電場の関係

磁場の変動が電場を生む原理（発電機の原理）（A）と，電場の変動が磁場を生む原理（B）をえがきました。

## A. 発電機の原理

磁石が回転することで，コイル内の磁場が増減し，その結果，電磁誘導によって電流が発生します。

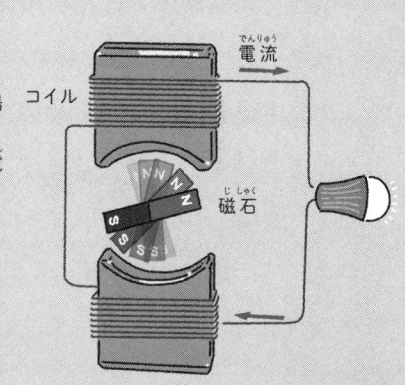

電流

コイル

磁石

## B. 電場の変動が生む磁場

電場が増加する（ベクトルが長くなる）と，上から見て反時計まわりの磁場が生じます。

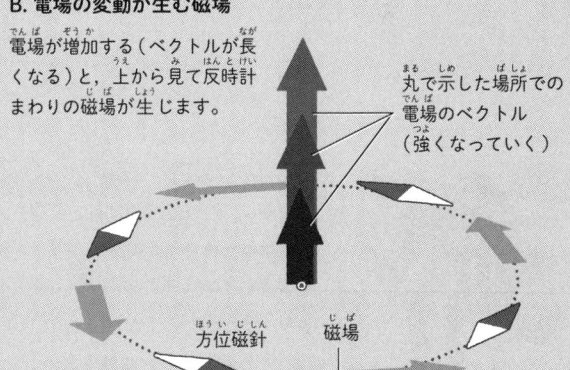

丸で示した場所での電場のベクトル（強くなっていく）

方位磁針

磁場

# 電場と磁場は，一心同体のようなもの

　一方で，電磁誘導とは逆の現象があることも知られています。電場が変動すると（電場のベクトルの長さが変動すると），磁場が同心円状に生じるのです（149ページ下のイラスト）。

　つまり電場と磁場は，一心同体のようなものだといえます。電場と磁場は，片方が変動すると，その周囲にもう片方が生じるという性質があるのです。

ちなみに，相対性理論では，電場と磁場は一体のものとみなされ，セットにして「テンソル場」（数学の「行列」の形でかけるもの）というものであらわされるクラ。

## memo

博士！教えて!!

# 「→↓↘＋P」って何？

博士，→↓↘＋Pって何ですか？

なんじゃ？　急にどうしたんじゃ。

友だちが必殺技だっていうんだけど…。

ふぉ〜〜っ，ふぉっふぉっ。それはきっと，「昇龍拳」のことじゃろ。昇龍拳は，格闘ゲームの「ストリートファイター」で，リュウやケンがくりだす必殺技なんじゃ。→↓↘＋Pは，その入力コマンドじゃよ。

へぇ〜。どんな必殺技なんですか？

腰を落とした低い姿勢から，拳を突き上げながら跳び上がり，対戦相手にアッパーカットと膝蹴りをくらわすんじゃ。こうじゃこう。昇〜龍拳！

昇<ruby>昇<rt>しょう</rt></ruby>～<ruby>龍拳<rt>りゅうけん</rt></ruby>！

<ruby>痛<rt>い</rt></ruby>たたた。こらこら，ほんとにやっちゃいか

んぞ…。

# 導線に直流電流を流すと，まわりに磁場が出現

## 鉄芯に導線を巻いて電流を流すと，磁石になる

　ここからは，導線に電流を流すことを考えてみましょう。最初は，乾電池などから流れる，直流電流の場合です。

　鉄芯に導線を巻いて電流を流すと，クリップや鉄釘などがくっつきます。これは，「電磁石」とよばれるものです（右ページ上のイラスト）。鉄芯に導線を巻いて電流を流すと磁石になるということは，電流によって磁場が発生することを意味しています。

## 6 電流がつくる磁場

電磁石（A）と，まっすぐな導線を流れる電流がつくる磁場
（B）をえがきました。

### A. 電磁石

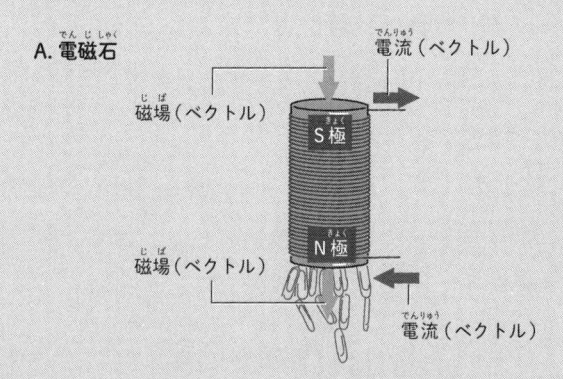

### B. まっすぐな導線を流れる電流がつくる磁場

電流がイラストの上向きに流れると，上から見て反時計まわり
の向きの磁場が発生します。導線からの距離が2倍になると，
磁場の強さ（ベクトルの長さ）は2分の1になります。

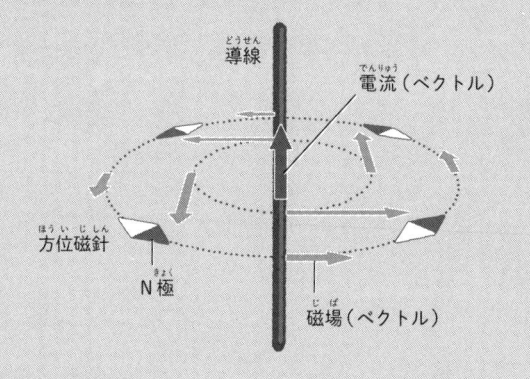

# 電場の変動または電流は，周囲に磁場をつくる

　まっすぐで長い導線に電流が流れると，その周囲には，同心円状の磁場が発生します（155ページ下のイラスト）。磁場の強さは，電流の大きさ（電流のベクトルの長さ）に比例し，導線からの距離に反比例することが知られています。また，イラストで上向きに流れている電流が，逆の下向きに流れると，磁場の向きも逆になります。

　149〜150ページでは，電場が変動すると（電場のベクトルの長さが変動すると），磁場が同心円状に生じることを紹介しました。つまり，電場の変動も電流も，周囲に磁場をつくりだすのです。

# 7 導線に交流電流を流すと，なんと電磁波が発生！

## 電場と磁場の変動が，延々とくりかえされる

　今度は，導線に「交流電流（以下，交流）」を流すことを考えてみましょう。交流とは，電流の大きさや向き（電流のベクトルの長さや向き）が，時々刻々と変化する電流のことです。家庭に送られてきている電流も，交流です。

　電流が変動すると，周囲の磁場（磁場のベクトルの長さや向き）も変動します。また，磁場が変動すると，周囲に電場が生じます（電磁誘導）。電場が変動すると，さらに周囲に磁場が生じます……。このような過程が延々とくりかえされます（159ページのイラスト）。

# 電場と磁場の変動を，「電磁波」という

　導線に交流を流すと，それをきっかけにして周囲に変動する電場と磁場が連鎖的に発生し，広がっていきます。音波や水面の波など，何らかの振動が周囲に広がっていく現象は，一般に「波」とよばれます。交流をきっかけにして周囲に広がっていく電場と磁場の変動も波であり，これを「電磁波」といいます。

　送信アンテナから発せられる電波は，電磁波の一種です。そして実は，私たちが見ることができる可視光線も，電磁波の一種です。あらゆる光は，電磁波なのです。

携帯電話などの電波も電磁波の一種で，アンテナから発せられる電波は，このような振動する電流をきっかけにして生みだされているのだ。

## 7　電磁波の発生

交流をきっかけにして，電磁波が発生する過程をえがきました。

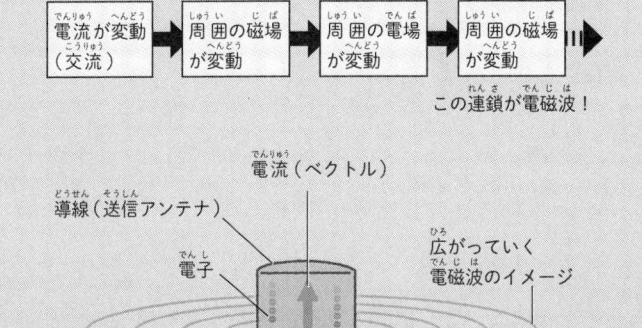

| 電流が変動（交流） | → | 周囲の磁場が変動 | → | 周囲の電場が変動 | → | 周囲の磁場が変動 | ⫸⫸ |

この連鎖が電磁波！

電流（ベクトル）

導線（送信アンテナ）

電子

広がっていく
電磁波のイメージ

電磁波の模式図

電場の
ベクトル

磁場の
ベクトル

電磁波の
進行方向

電流は電子の流れなので，交流とは，電子が行ったり来たりの往復運動（振動運動）をすることを意味しています。

交流とは，電流のベクトルが時々刻々と長さや向きを変えることを意味します。

# 電磁波が通過すると，電子はゆり動かされる

## 電磁波の電場のベクトルは，時々刻々と変化する

　右のイラストは，電磁波（光）の進行のようすを，コマ送りにしたものです。

　電子は，電場の大きさに比例した力を受けます。また，電子は負の電気を帯びていることから，電場のベクトルとは逆向きの力を受けます。電磁波が通過していくと，電子は電場のベクトルの長さと比例した力を，電場のベクトルとは逆向きに受けます。

　電磁波の電場のベクトルは，大きさと向きを時々刻々と変えていきます。このため電子は，上下にゆり動かされます。逆にいえば，電子などの電気を帯びた粒子をゆり動かす性質をもつ波が，電磁波だといえます。

## 8 ▶ 進行する電磁波

進行する電磁波をえがきました。①から⑤の順番に，時間が経過しています。電磁波が通過すると，その場所にいた電子（電気を帯びた粒子）は，電場のベクトルから力を受けてゆり動かされます。

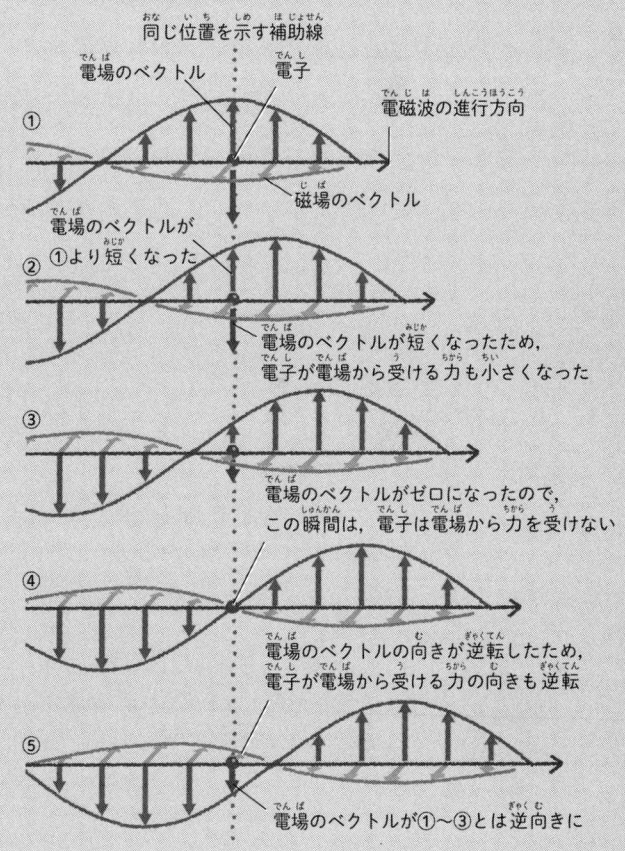

同じ位置を示す補助線
電場のベクトル　電子
電磁波の進行方向

①

磁場のベクトル

電場のベクトルが①より短くなった

②

電場のベクトルが短くなったため，
電子が電場から受ける力も小さくなった

③

電場のベクトルがゼロになったので，
この瞬間は，電子は電場から力を受けない

④

電場のベクトルの向きが逆転したため，
電子が電場から受ける力の向きも逆転

⑤

電場のベクトルが①〜③とは逆向きに

161

# 受信アンテナ内部に，電流が発生する

　テレビなどの受信アンテナでは，送信されてきた電波によって，受信アンテナ内部の電子が実際にゆり動かされています。電流とは，電子の流れのことです。電子がゆり動かされたということは，受信アンテナ内部に電流が発生したことを意味します。受信アンテナは，この電流の信号から，電波にのせられた情報を得ているのです。

161ページの①では，電場のベクトルは上向きで最大値を取ってるクラ。②では，少し電場のベクトルが短くなって（電場が弱くなって）いるクラ。③ではさらに短くなり，④ではいったん電場がゼロになっているクラ。⑤になると，電場の向きが逆転し，下向きに短い電場のベクトルが生じているクラ。

## memo

# 雪国の矢羽根システム

北海道などの積雪の多い地方の道路には，地面をさす矢印のついた，不思議なポールが立っていることがあります。このポールは，通称「矢羽根」とよばれる道路標識です。正式な名称は，「固定式視線誘導柱」といいます。

矢羽根の矢印がさし示しているのは，道路と道路脇の境界の位置です。積雪の多い地方では，雪がたくさん降ると，積もった雪で道路の端がわからなくなってしまうことがあります。矢羽根はこうしたときに，道路の端の目印になるためのものなのです。

また，夜や悪天候などで視界が悪いときにも，矢羽根は活躍します。矢羽根の矢印には，光を反射する反射板や，明るく輝くLEDが取りつけられて

います。矢羽根の矢印は，車のライトを反射したり自ら光ったりして，ドライバーに道路の端を知らせます。このように矢羽根は，矢印を使って，雪国のドライバーの安全を守っているのです。

# 第6章

# ベクトルのかけ算「外積」

第4章で，かけ算によく似た「内積」を紹介しました。実はベクトルの計算には，ほかにもかけ算によく似た計算があります。「外積」です。第6章では，ベクトルの外積をみていきましょう。

# 電・磁・力!! 電動モーターは, フレミングの左手の法則

## 磁場の中で導線に電流を流すと, 力を受ける

　かけ算に似たベクトルの計算は, 内積のほかに, 「外積」というものがあります。内積と同様, かけ算に似てはいるものの, 別の計算だといえます。ベクトル $\vec{I}$ と $\vec{B}$ の外積は, 「$\vec{I} \times \vec{B}$」と書き, 「アイ・クロス・ビー」などと読みます。

　外積の定義は後まわしにして, 外積と関係する「モーター」の原理について, 紹介しましょう。モーターのしくみの基本原理は, 磁場の中で導線に電流を流すと, 導線が力を受けるというものです。

# 1 フレミングの左手の法則

フレミングの左手の法則をえがきました。左手の中指，人差し指，親指をイラストのように立てた場合，電流が中指，磁場が人差し指，導線が受ける力が親指の向きになります。

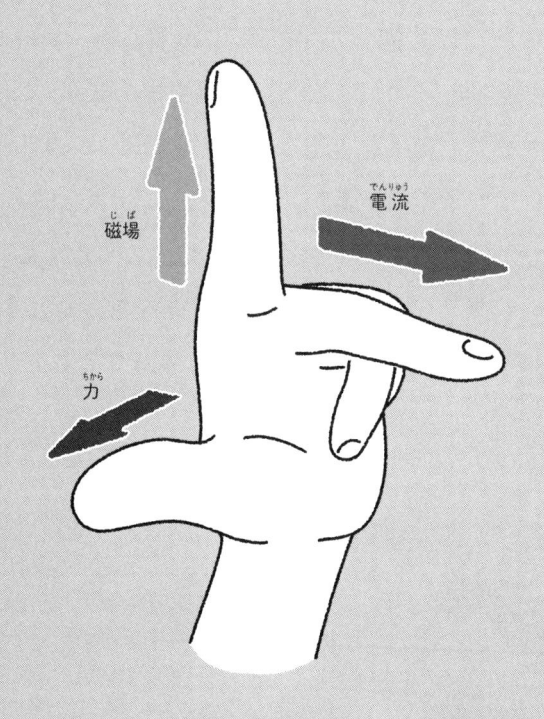

磁場

電流

力

# 電流と磁場の向きは、直交しなくてもいい

導線が受ける力の向きは、「フレミングの左手の法則」を使えばわかります（169ページのイラスト）。学校で習ったことをおぼえている人も多いことでしょう。左手の中指、人差し指、親指を169ページのイラストのように立てた場合、電流が中指、磁場が人差し指、導線が受ける力が親指の向きになります。中指側から、「電・磁・力」の順番です。なお、電流と磁場の向きは必ずしも直交しなくてもかまわないのですけれど、力はかならず電流と磁場の両方に直交します。

「フレミングの左手の法則」は、イギリスの物理学者ジョン・フレミング（1849〜1945）が考案したものなのだ。

# memo

# 2

# 導線が受ける力の大きさを，計算してみよう

## 導線が受ける力を利用して，コイルを回転させる

　モーターは，電気を使って回転などの運動を生む装置のことです。扇風機をはじめ，ほとんどの家電製品に組みこまれています。

　前のページでふれたように，磁場の中で導線に電流を流すと，導線が力を受けます。その力をうまく利用して，持続的にコイルを回転させるようにしたものがモーターです（174ページのイラスト）。

# 電流と磁場が強いほど，力は大きくなる

　ここで，電流のベクトルを $\vec{I}$，磁場のベクトルを $\vec{B}$，導線が受ける力のベクトルを $\vec{F}$ としましょう。電流が大きいほど（$|\vec{I}|$ が大きいほど），また，磁場が強いほど（$|\vec{B}|$ が大きいほど），導線が受ける力は大きくなる（$|\vec{I}|$ と $|\vec{B}|$ に比例する）ことが知られています。

　以上のことを踏まえると，イラストの①と②の場所では，導線が受ける力 $\vec{F}$ の大きさ（$|\vec{F}|$）は，次の式のようになります。

$$|\vec{F_1}| = |\vec{I_1}||\vec{B_1}|, \quad |\vec{F_2}| = |\vec{I_2}||\vec{B_2}|$$

　そして前のページでみたフレミングの左手の法則からわかるように，コイルの上側にはたらく力と下側にはたらく力が，ちょうど逆向きになり，コイルが回転するのです。

## **2** モーターのしくみ

左ページに, 単純なモーターをえがきました（A）。モーターのコイルの①の場所の拡大図と, ②の場所の拡大図を, 右ページにえがきました。

### A. 単純なモーター

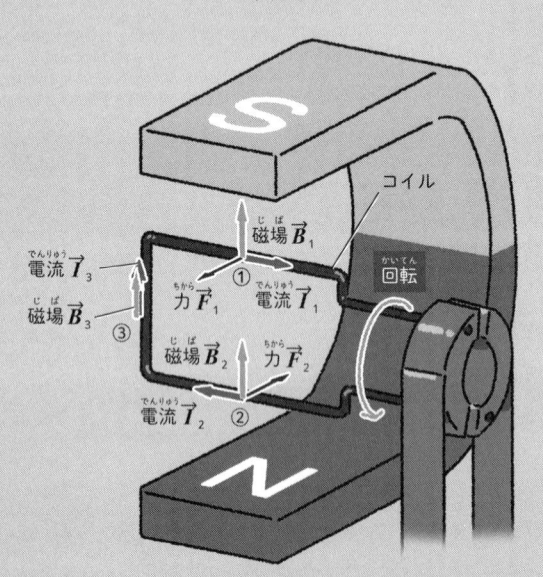

①にはたらく力（$\vec{F}_1$）と②にはたらく力（$\vec{F}_2$）が, ちょうど逆向きになるため, コイルが回転します。

## Aの①の場所の拡大図

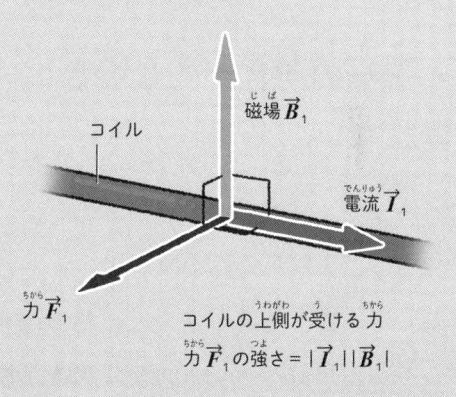

コイル

磁場 $\vec{B}_1$

電流 $\vec{I}_1$

力 $\vec{F}_1$

コイルの上側が受ける力

力 $\vec{F}_1$ の強さ $= |\vec{I}_1||\vec{B}_1|$

## Aの②の場所の拡大図

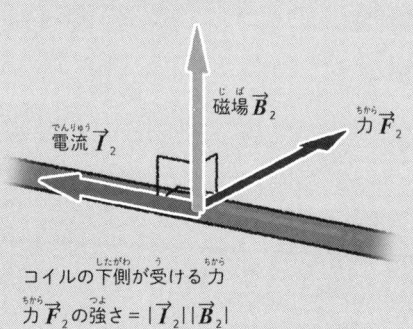

電流 $\vec{I}_2$

磁場 $\vec{B}_2$

力 $\vec{F}_2$

コイルの下側が受ける力

力 $\vec{F}_2$ の強さ $= |\vec{I}_2||\vec{B}_2|$

## 電流と磁場の向きが同じ場合，力を受けない

　前のページで，電流の向きと磁場の向きが直交する場合の，導線が受ける力$\vec{F}$の大きさを紹介しました。一方，電流の向きと磁場の向きが一致している（平行な）場合，導線は力を受けません（178ページのイラストAの③）。

　では，電流と磁場が直交しておらず，平行でもない場合は，どうでしょうか（179ページのイラストB）。

# 磁場に垂直な電流の成分のみに，力がかかる

　電流のベクトルを，磁場に平行な成分と垂直な成分に分けて考えましょう（179ページのイラストBの下のイラスト）。磁場に平行な成分には力がはたらかず，磁場に垂直な成分のみに力がかかります。磁場に垂直な電流の成分の長さは$|\vec{I}|\sin\theta$（シータ）なので，受ける力$\vec{F}$の大きさは，次のようになります。

$$|\vec{F}| = |\vec{I}||\vec{B}|\sin\theta$$

　実はこの右辺が，$\vec{I}$と$\vec{B}$の外積$\vec{I} \times \vec{B}$の大きさの定義になっており（$|\vec{I} \times \vec{B}| = |\vec{I}||\vec{B}|\sin\theta$），導線が受ける力$\vec{F}$は「$\vec{F} = \vec{I} \times \vec{B}$」とあらわせることが知られています。**つまり外積$\vec{I} \times \vec{B}$は，$\vec{I}$と$\vec{B}$の両方に直交するベクトル（$\vec{F}$）なのです。**

177

## **3** 電流と磁場が直交しない場合

下に，電流と磁場が平行な場合（Aの③），右ページ（B）に，電流と磁場が斜め方向を向いている場合をえがきました。

### A. 単純なモーター

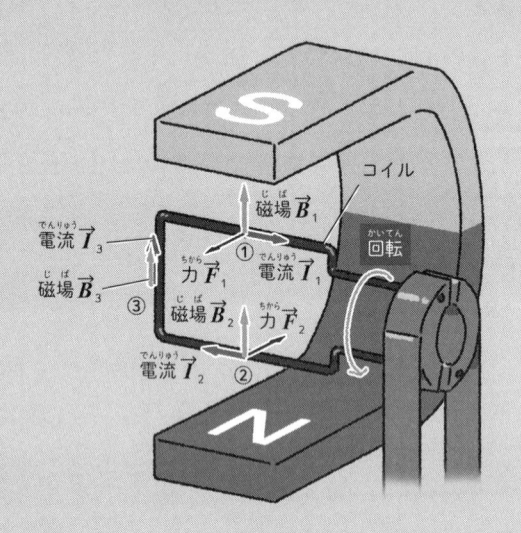

Aの③の場所の拡大図

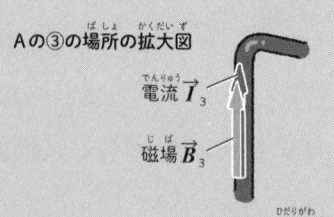

電流 $\vec{I}_3$

磁場 $\vec{B}_3$

コイルの左側が受ける力
力 $\vec{F}_3$ の強さ＝0

## B. 電流と磁場が直交していない場合

　左ページのAのイラストから，コイルが45°ほど回転した状態です。

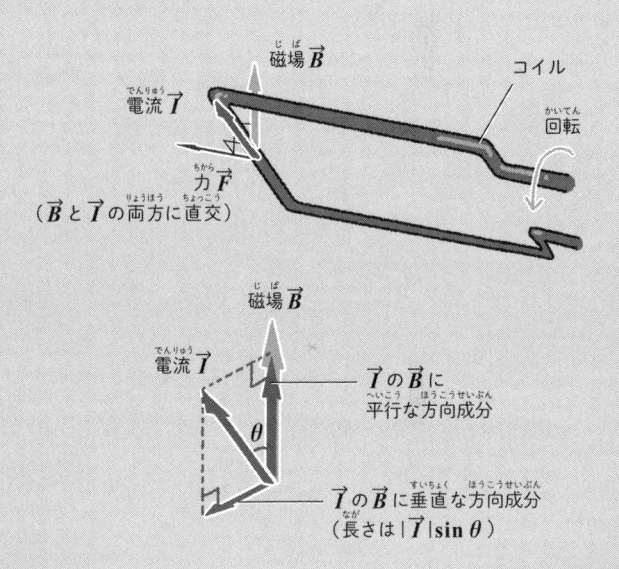

磁場 $\vec{B}$

コイル

電流 $\vec{I}$

回転

力 $\vec{F}$
（$\vec{B}$と$\vec{I}$の両方に直交）

磁場 $\vec{B}$

電流 $\vec{I}$

$\vec{I}$の$\vec{B}$に
平行な方向成分

$\theta$

$\vec{I}$の$\vec{B}$に垂直な方向成分
（長さは$|\vec{I}|\sin\theta$）

$$\text{力}\,\vec{F}\text{の強さ} = |\vec{I}|\sin\theta\,|\vec{B}|$$
$$= |\vec{I}|\,|\vec{B}|\sin\theta = |\vec{I} \times \vec{B}|$$

外積の大きさの定義

# 宇宙人あての矢印

矢印の中には，宇宙人にあててえがかれたものもあります。NASA（アメリカ航空宇宙局）が1972年に打ち上げた宇宙探査機「パイオニア10号」と，1973年に打ち上げた宇宙探査機「パイオニア11号」には，特別な金属板が取りつけられています。地球外知的生命あての，人類のメッセージがきざまれた金属板です。

この金属板には，人類の裸の男女の姿やパイオニアの形などとともに，1本の長い矢印もえがかれています。太陽系の地球を出たパイオニアが，どのような方向に飛行してきたのかを示す矢印です。

パイオニアを打ち上げる際，金属板に対してはさまざまな批判がありました。その中の一つが，メッ

セージの内容があまりにも人類中心的だという批判です。人類にとっては常識であっても，地球外知的生命にとって常識とは限りません。矢印が方向をあらわす記号であることを，宇宙人には理解できないかもしれないのです。

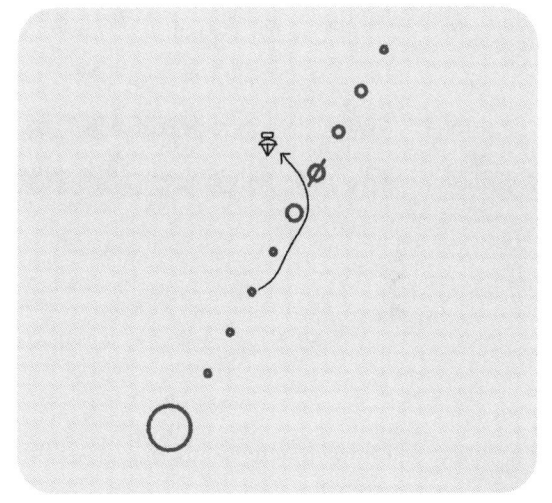

パイオニアの金属板にえがかれている，地球外知的生命あてのメッセージの一部です。左下の大きな円が太陽，そのほかの円が太陽系の惑星をあらわしています。矢印がパイオニアの飛行ルートで，矢印の先にあるものがパイオニアです。

## 4 外積の向きは，二つの ベクトルと垂直な方向

### 外積は，向きをもつベクトル

177ページでは，電流のベクトル$\vec{I}$と磁場の ベクトル$\vec{B}$の外積($\vec{I} \times \vec{B}$)が，$\vec{I}$と$\vec{B}$に直交 する力のベクトル($\vec{F}$)と一致することを紹介し ました。つまり外積とは，二つのベクトルに直 交する第3のベクトルだといえます(右のイラ スト)。

内積はベクトルではなく，単なる数(スカラー) です。これに対して外積は，向きをもつベクトル です。外積を考えるときには，$x$，$y$，$z$の三つの 成分をもつ，空間ベクトルを考えます。

## 4 外積の向き

ベクトル$\vec{a}$と$\vec{b}$の外積$\vec{a} \times \vec{b}$をえがきました。外積$\vec{a} \times \vec{b}$は，$\vec{a}$と$\vec{b}$に直交する第3のベクトルです。そして外積$\vec{a} \times \vec{b}$の向きは，右ねじを$\vec{a}$から$\vec{b}$に向けてまわしたときに，右ねじが進む向きです。

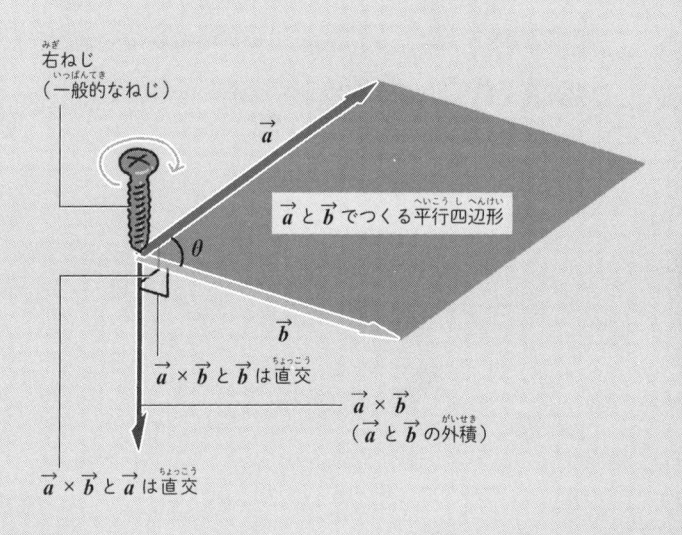

右ねじ
（一般的なねじ）

$\vec{a}$

$\vec{a}$と$\vec{b}$でつくる平行四辺形

$\theta$

$\vec{a} \times \vec{b}$と$\vec{b}$は直交

$\vec{b}$

$\vec{a} \times \vec{b}$
（$\vec{a}$と$\vec{b}$の外積）

$\vec{a} \times \vec{b}$と$\vec{a}$は直交

$\vec{a} \times \vec{b}$ の向き
$\vec{a}$を$\vec{b}$に最短の角度で重ねるような向きに，右ねじをまわしたときに，右ねじが進む向き

# $\vec{a} \times \vec{b}$ の向きは, 右ねじが進む向き

　ところで, $\vec{a}$ と $\vec{b}$ の両方に垂直なベクトルは, 上か下かの二つの向きが考えられます。$\vec{a} \times \vec{b}$ の向きは, 右ねじ(一般的なねじ)を $\vec{a}$ から $\vec{b}$ に向けてまわしたときに, 右ねじが進む向き, として定義されています(183ページのイラスト)。

外積は, 電気や磁気に関する現象などを理解するうえで, とても役立つものなんだって。

# 5 外積の大きさは，三角関数を かけ算した大きさ

## $\sin \theta$ をかける必要がある

177ページで見たように，$\overrightarrow{a} \times \overrightarrow{b}$ の大きさは，

$$|\overrightarrow{a} \times \overrightarrow{b}| = |\overrightarrow{a}||\overrightarrow{b}|\sin \theta$$

となります（$|\overrightarrow{a} \times \overrightarrow{b}|$，$|\overrightarrow{a}|$，$|\overrightarrow{b}|$ はそれぞれ
のベクトルの大きさ，$\theta$ は $\overrightarrow{a}$ と $\overrightarrow{b}$ の間の角度）。
つまり $\overrightarrow{a} \times \overrightarrow{b}$ の大きさは，$\overrightarrow{a}$ と $\overrightarrow{b}$ の大きさの単
純なかけ算にはならず，$\sin \theta$ という余分なもの
をかける必要があります。$\cos \theta$ をかける内積と
は，対照的になっています。

# $\vec{a}$ と $\vec{b}$ が平行な場合，つぶれてゼロ

$\vec{a} \times \vec{b}$ の大きさを幾何学的にとらえると，$\vec{a} \times \vec{b}$ の大きさは，$\vec{a}$ と $\vec{b}$ でつくる平行四辺形の面積に等しいともいえます（右のイラスト）。$\vec{a}$ と $\vec{b}$ が平行な場合（$\theta = 0°$）は，185ページの式で「$\sin 0° = 0$」なので，$\vec{a} \times \vec{b}$ の大きさはゼロになります。これは，$\vec{a}$ と $\vec{b}$ でつくる平行四辺形がつぶれてしまって面積がゼロになるから，と考えることもできます。

平行なベクトルの外積はゼロだクラ。

## 5 外積の大きさ

183ページのイラストを，真上から見たようすをえがきました。
外積 $\vec{a} \times \vec{b}$ の大きさは，$|\vec{b}|$ を底辺，$|\vec{a}|\sin\theta$ を高さとする，平行四辺形の面積ととらえることもできます。

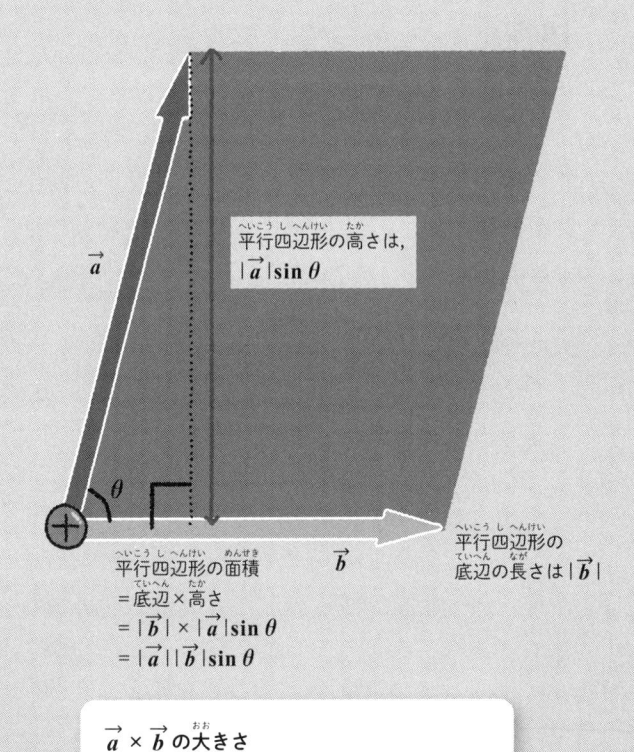

$\vec{a}$

平行四辺形の高さは，
$|\vec{a}|\sin\theta$

$\theta$

$\vec{b}$

平行四辺形の底辺の長さは $|\vec{b}|$

平行四辺形の面積
$= 底辺 \times 高さ$
$= |\vec{b}| \times |\vec{a}|\sin\theta$
$= |\vec{a}||\vec{b}|\sin\theta$

> $\vec{a} \times \vec{b}$ の大きさ
> $\vec{a}$ と $\vec{b}$ でつくる平行四辺形の面積に等しい
> $|\vec{a} \times \vec{b}| = |\vec{a}||\vec{b}|\sin\theta$

# 成分表示を使うと，ベクトルの外積も簡単！

## 規則にしたがって，かけ合わせてから引き算

　外積は，ベクトルの成分表示を使うと，簡単に計算できることが知られています。**ある規則にしたがって，二つのベクトルの成分どうしをかけ合わせてから，引き算を行えばよいのです。**

　たとえば，$\vec{a} = (1,\ 2,\ 3)$，$\vec{b} = (4,\ 5,\ 6)$ の場合，$\vec{a} \times \vec{b} = (2 \times 6 - 3 \times 5,\ 3 \times 4 - 1 \times 6,\ 1 \times 5 - 2 \times 4) = (12 - 15,\ 12 - 6,\ 5 - 8) = (-3,\ 6,\ -3)$ と計算できます。$\vec{a}$ と $\vec{b}$，$\vec{a} \times \vec{b}$ を，$xyz$ 座標にあらわしたものが，右のイラストです。

## 6 外積の例

$\vec{a} = (1, 2, 3)$, $\vec{b} = (4, 5, 6)$, $\vec{a} \times \vec{b} = (-3, 6, -3)$を, $xyz$座標にあらわしたイラストです。$\vec{a} \times \vec{b}$は$\vec{a}$と$\vec{b}$に直交しているため, $\vec{a} \times \vec{b}$と$\vec{a}$の内積も, $\vec{a} \times \vec{b}$と$\vec{b}$の内積も, ゼロになります。

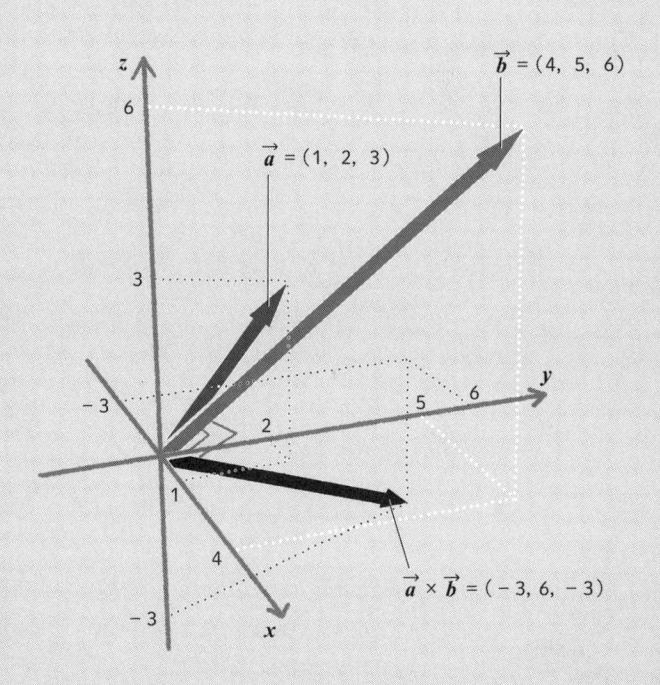

$(\vec{a} \times \vec{b}) \cdot \vec{a} = (-3, 6, -3) \cdot (1, 2, 3) = -3 \times 1 + 6 \times 2 + (-3) \times 3$
$= 0 \cdots\cdots \vec{a} \times \vec{b}$と$\vec{a}$は直交

$(\vec{a} \times \vec{b}) \cdot \vec{b} = (-3, 6, -3) \cdot (4, 5, 6) = -3 \times 4 + 6 \times 5 + (-3) \times 6$
$= 0 \cdots\cdots \vec{a} \times \vec{b}$と$\vec{b}$は直交

# 規則性さえおぼえて
## しまえば，簡単

　ベクトルの成分表示を使った外積の計算は，一見，複雑な計算にも見えます。しかし，規則性さえおぼえてしまえば簡単です。外積の公式は，$\vec{a} = (a_1,\ a_2,\ a_3)$，$\vec{b} = (b_1,\ b_2,\ b_3)$ とすると，以下の通りです。

$$\vec{a} \times \vec{b} = (a_2 b_3 - a_3 b_2,\ a_3 b_1 - a_1 b_3,\ a_1 b_2 - a_2 b_1)$$

ここまで，ベクトルがいかに便利で役に立つものなのかを紹介してきたが，紹介した事例は，ベクトルの応用例のごく一部でしかないのだ。ベクトルの世界はまだまだ奥が深いのだ。

## memo

# さくいん

# シリーズ第34弾!!

ニュートン超図解新書

## 最強に面白い
# 銀河

2024年11月発売予定　新書判・200ページ　990円（税込）

夜空には，たくさんの星が輝いています。その中でも，「天の川」とよばれる帯状の領域には，とくに多くの星が集中しています。なぜ天の川に多くの星が集中しているのか，不思議に感じたことがある人もいるのではないでしょうか。

実は天の川は，私たちの「銀河」を，銀河の内側から見た姿です。私たちの銀河は，無数の星からなる，薄い円盤のようなものだと考えられています。この薄い円盤を，円盤の中から縁に向かって360度ぐるりと見たものが，夜空を横切る帯状の天の川なのです。

本書は，2021年2月に発売された，ニュートン式 超図解 最強に面白い!!『銀河』の新書版です。私たちの銀河の姿や，夜空を彩る星座，銀河の進化の歴史などについて，"最強に"面白く紹介します。どうぞご期待ください！

最強にわかりやすいツムリ！